海洋水利工程结构健康监测

基于电化学分析

姜凤娇◎著

HAIYANG SHUILI GONGCHENG JIEGOU JIANKANG JIANCE

JIYU DIANHUAXUE FENXI

内容提要

电化学分析具有测试简单、灵敏度和准确度高等优点，适用于对材料性能的演化进行中长期监测。本书介绍了采用电化学方法对模拟大型海洋水利工程结构的耐久性研究，论述了混凝土水泥水化、氯离子侵蚀和钢筋腐蚀等过程长龄期监测，及利用腐蚀电位法、线性极化法、循环伏安法和莫特-肖特基曲线等对钢筋腐蚀进行分析。本书为电化学分析在水库大坝、港口码头、跨海大桥等工程建设应用提供可靠的理论支撑，具有实际应用意义。本书可作为高等院校农业水土工程、港口航道与海岸工程、水利工程等相关专业的研究生参考用书，也可作为相关研究、工程技术人员参考用书。

图书在版编目(CIP)数据

海洋水利工程结构健康监测：基于电化学分析/姜凤娇著.—上海：上海交通大学出版社，2023.9
ISBN 978-7-313-29602-3

Ⅰ.TV512

中国国家版本馆 CIP 数据核字第 2024AN8112 号

海洋水利工程结构健康监测——基于电化学分析
HAIYANG SHUILI GONGCHENG JIEGOU JIANKANG JIANCE — JIYU DIANHUAXUE FENXI

著　　者：姜凤娇
出版发行：上海交通大学出版社　　地　　址：上海市番禺路 951 号
邮政编码：200030　　电　　话：021-64071208
印　　制：苏州市古得堡数码印刷有限公司　　经　　销：全国新华书店
开　　本：710mm×1000mm　1/16　　印　　张：13
字　　数：175 千字
版　　次：2023 年 9 月第 1 版　　印　　次：2023 年 9 月第 1 次印刷
书　　号：ISBN 978-7-313-29602-3
定　　价：78.00 元

>>>>

前　言

随着我国农业水利、海洋工程建设的迅速发展，混凝土材料大量应用于水库大坝、跨海大桥、港口码头、高层建筑等大型工程结构中，这些工程结构的健康监测问题越来越受到人们的关注。由于传统方法不适用于水泥基复合材料和长龄期的水泥水化过程的研究，而电化学分析方法如电化学阻抗谱法、腐蚀电位法、线性极化法和循环伏安法等操作方便简单，根据电化学参数可以研究水泥基材料的水化过程和微观结构，适用于水泥基复合材料的水化过程长龄期连续跟踪监测。

电化学分析具有测试简单、灵敏度和准确度高等优点，便于对钢筋混凝土材料性能的演化进行中长期监测。本书系统介绍了电化学阻抗谱对混凝土水泥水化过程、氯离子侵蚀和钢筋腐蚀等长龄期的监测研究，详细分析了利用腐蚀电位法、线性极化法、循环伏安法和莫特-肖特基曲线等评价混凝土中钢筋腐蚀，并与电化学阻抗谱分析结果进行了对比。本书为电化学分析在跨海大桥、港口码头、水库大坝等工程实践建设中的应用提供可靠的理论支撑，具有广泛的实际应用意义。

本书共计7章，涉及海洋水利工程建筑结构概况、电化学分析方法的基本原理、混凝土水泥水化过程交流阻抗特性分析、模拟海洋环境下混凝土氯离子扩散和电化学阻抗分析、混凝土孔隙模拟液中钢筋的腐蚀电化学分析、混凝土孔隙模拟液中铬合金耐蚀钢筋的腐蚀电化学分析。在理论分析的基础上，提出了一种新的粉煤灰混凝土等效电路、基于电化学参数估计混凝土氯离子含量的方法，以及用于评估混凝土中钢筋腐蚀状况的腐蚀萌生电位与析氧电位差值与混凝土中氯离子含量和pH值关系的表达式。

全书由上海农林职业技术学院的姜凤娇副教授撰著；第1～4章由河海大学的张勤副教授校正；第5～7章由大连交通大学的朱绩超副教授校正；大连理工大学贡金鑫教授统一审阅定稿。本书相关课题研究及出书得到了大连理工大学的王幻、张文、张艳青、仇建磊、郭强、马艳娜、王伟男和大连海洋大学的宋维波、王兴、刘博等人的帮助。特别是大连理工大学贡金鑫教授、河海大学张勤副教授、大连交通大学朱绩超副教授对作者的试验研究、编写工作一直非常关心和大力支持，提出了许多宝贵的意见，在此向以上人员表示深切的谢意！

本书的有关工作得到上海市教育委员会项目(C2024090)、辽宁省自然科学基金(2022-KF-18-04)、辽宁省教育厅青年项目(QL201717、QL201718)、自然资源部重点实验室开放基金(KLGSIT2015-09)、四川省重点实验室开放基金(SCSXDZ2013003)、上海农林职业技术学院课题[JY6(2)-0000-23-03、KY(6)2-0000-23-13]等项目的支持，在此一并表示感谢。

本书是关于采用电化学分析监测长龄期海洋工程、水库大坝等结构工程研究工作的初步总结，由于水平有限，书中难免存在不妥之处，欢迎读者不吝指正。

>>>>

目　录

1

海洋水利工程建筑结构概况

钢筋混凝土结构是海洋水利工程建设中最为常用的结构形式之一，具有成本小、施工方便、承载力大等优点。然而，钢筋混凝土结构的耐久性已经成为影响其安全运营和使用寿命的首要问题。因此，针对钢筋混凝土结构的腐蚀机理和防护的研究十分必要。本章从海洋水利工程建筑结构的现状出发，分析海洋水利工程结构物的水泥水化过程、氯离子侵蚀过程、钢筋锈蚀过程以及钢筋防护的研究进展。

1.1 海洋水利工程结构物现状

我国是传统农业大国，农耕文明贯穿着整个社会的发展。农业的发展进程离不开农田水利工程的建设。混凝土是用胶凝材料、集料、水和外加剂等按照一定的比例配制而成的，根据工程需要，还会掺入一些必要的外加剂和掺和料来提高混凝土的性能。混凝土材料的原料来源广泛，价格低廉，且混凝土具有可塑性好、抗压能力强、可与钢材复合使用等特点，这使混凝土成为农业水利工程结构物使用最广泛的材料之一。随着我国农业工程建设的不断开展，很多超大型工程的建设如三峡工程、南水北调工程和都江堰震后重建等不仅促进了国家“一带一路”倡议的发展，而且彰显了我国的综合国力。但是这类大型工程所处的环境条件复杂,长期受到荷载和环境的影响,性能易退化。研究表明,造成混凝土结构性能退化的原因包括氯盐侵蚀、硫酸盐侵蚀、冻融循环、碱集料反应、钙溶蚀反应、碳化和力学损伤等[1-4],其中氯盐侵蚀是造成混凝土中钢筋锈蚀的主要原因,影响水利工程结构物的安全性和耐久性。混凝土作为水利工程结构物的重要组成部分,侵蚀主要指的是结构周围的水质对混凝土材料的破坏。这种类型的破坏机理一般属于化学反应,对水利工程结构的破坏巨大。水中溶解的无机盐离子可与混凝土中的氢氧化钙反应生成硫酸钙,引起混凝土体积膨胀,导致混凝土从内部涨裂[2]。除此之外,氯离子对于混凝土的腐蚀现象也较为显著,氯离子深入混凝土内部时,会破坏钢筋表面致密的氧化膜而脱钝,导致钢筋和水、空气发生反应,最终锈蚀。

工程调查表明[5-8],一般沿海区域海洋水利工程结构的使用年限为50～100年,然而很多水利工程结构物在使用20年左右便进入老化期,出现钢筋锈蚀等损伤。例如我国第一座水电站——云南石龙坝水电站虽经多次维修,还是由于水利工程建筑设施受到严重腐蚀损坏被迫停产,并于2003年3—8月进行维修。2012年,江西峡江水利枢纽工程遭遇洪水,施工围堰抵御洪峰考验;2016年,太行银龙跃峰渠渠道损坏严重,渠墙倒塌;2019年凉山州甘洛县暴雨导致电站等水利工程被损毁[9-10];2022年泸溪兴隆场镇遭受洪涝灾害,导致水利设施损坏、水渠砂石淤积。这些工程结构损伤除了遭受洪涝灾害等原因外,其自身结构的健康性能降低也是主要原因之一;这些损伤造成的高额经济损失远远高于工程的实际造价。2015年,中国工程院设立了"我国腐蚀状况及控制战略研究"重大咨询项目,针对我国基础设施、农业工程、交通运输等领域进行了专题调研。调研结果显示,2014年我国的腐蚀总成本约为2.13万亿元,约占当年国民生产总值的3.34%。由此可见,针对水利工程结构的健康监测势在必行。

挪威混凝土协会在1962—1968年,对挪威沿海岸的二百多座混凝土水利工程结构(已服役50～60年)进行了耐久性调研[11-13]。调研结果发现,位于水面以下的混凝土结构基本未发生因内部钢筋锈蚀而导致的破坏,且仅有13%的结构出现局部混凝土化学腐蚀;而暴露于水面以上的混凝土结构由于钢筋腐蚀,超过80%的结构出现不同程度的破坏,其中暴露于干湿循环条件下的混凝土结构最容易发生腐蚀破坏现象,如与海堤相邻的桥面板底部或者梁的下部,当混凝土保护层开裂甚至剥落时,可以明显观测到纵向钢筋被均匀锈蚀,而外凸的箍筋则表现出较为严重的坑蚀[14]。1975年美国标准局(NBS)统计了美国全年因各种腐蚀造成的损失,其金额高达700亿美元,其中钢筋混凝土结构因钢筋锈蚀造成的损失约占40%(280亿美元)[15-17]。1992年仅在美国就有1/4的公路桥因除冰盐引起的钢筋锈蚀破坏而限载通车,完全不能通车的公路桥占1%,维修这些桥梁的费用高达900亿美元。1997年,日本对一百多座海港码头进行了混凝土耐久性调查,报告称钢筋锈蚀造成了39 375.9亿日元的经济损失[18]。1999年,澳大利亚对62座海洋工程混凝土结构进行了调查,报告显示钢筋锈蚀造成250亿美元的经济损失,其中浪溅区结构中的钢筋腐蚀情况最为严重[19-21]。以上结果说明,腐蚀不仅引起安全问题,还与经济和生态问题相关。

针对海洋水利工程结构中钢筋的腐蚀问题,国内外学者通常采用常规的试验方法进行研究,这些研究考虑到混凝土中钢筋锈蚀是一个电化学过程,采用电化学手段对混凝土中氯离子的迁移和钢筋锈蚀进行研究更有意义。

1.2 海洋水利工程结构物研究进展

1.2.1 水泥水化过程

混凝土材料由水泥、水和集料按照一定的比例配制而成。为了改善混凝土材料的性能，需要对水泥水化过程进行深入研究。混凝土中水泥水化特性的研究主要包括熟料水化和水泥硬化两个方面。关于熟料水化，存在着两种不同的理论。法国勒夏特列(Le Chatelier)在1887年提出液相水化论，他认为无水化合物先溶于水，而后与水发生反应，生成的水化物经过沉淀后形成交错生长的晶体产生了凝胶作用[22]。德国米凯利斯(Michaelis)在1892年提出固相水化论，他认为无水化合物可以直接与水发生反应，凝胶的形成和脱水引起了凝胶作用[23]。关于水泥硬化，巴依可夫提出了水泥水化的三阶段理论，即溶解阶段、胶化阶段和结晶阶段，进一步推动了混凝土中水泥水化机理的研究[24]。勒夏特列提出了结晶理论，他认为水泥与水反应后生成的水化物溶解度小，以晶体的形式析出。混凝土能够产生较大的抗压强度，正是因为这些晶体具有的强大内聚力。米凯利斯提出的胶体理论认为水泥与水反应后生成水化物，这些水化物包含氢氧化钙和水化铝酸钙。这些物质的溶解度较大，不能使混凝土具有较高的强度。反应生成的水化硅酸钙凝胶溶解度较低，并且填充在混凝土孔隙中，从而提高了混凝土的强度。随着水化的不断进行，这些凝胶更加密实，内聚力和强度也不断提升。目前，普遍认为水泥水化和硬化过程中同时存在凝聚结构和结晶结构[25-29]。水泥水化早期，混凝土的密实度和扩散阻力都比较小，这个时期以结晶的溶解为主。水泥水化后期，随着混凝土密实度和扩散阻力的不断增大，这个时期以局部化学反应为主。

随着时代的发展，研究水泥水化机理的方法层出不穷，主要的研究方法包括水化热法[30-34]、化学结合水法[35-36]、水化动力学法[37-41]、氢氧化钙测定法[42-43]、电阻率法[44-47]和图像分析法[48-50]等。水化热法根据水泥水化热的变化对水泥水化过程进行研究。水泥中不同的矿物成分会造成不同的水化热和放热速率。该方法对早期水泥水化过程的表征较好，但是不适合复合体系和长龄期的水泥水化过程研究。随着水泥水化过程的进行，释放的热量逐渐降低，测量方法本身带来的测量误差越来越大。硬化水泥浆体中的水主要分为化学结合水和非化学结合水。随着水泥水化过程的不断进行,化学结合水的含量越来越多。根据化学结合水的含量可以判断水泥水化的程度。但是这种方法也存在一定的缺点——在低温环境下,弱结合水容易分解为非结合水,影响测量精度。与水化热法一样,该方法同样不适用于水泥基复合体系。克尔斯图洛维奇(Krstulović)等[51]根据水泥水化过程中的物理化学变化提出了水泥水化反应的动力学模型。他们认为水泥水化反应包括三个过程:结晶成核与晶体生长、相边界反应和扩散。该模型虽然解释了水泥水化过程的耦合作用,但是过于理想化,其精度并不高。水泥与水反应后生成水化硅酸钙、水化硫铝酸钙和氢氧化钙。其中,水泥水化的用水量约占水泥质量的 1/4,而生成氢氧化钙的质量也约占水泥质量的 1/4。因此,可以通过测定氢氧化钙的含量来判断水泥水化的程度。氢氧化钙的含量可以通过 X 射线衍射法[52-55]、热重分析法[56-57]来测得。然而对于添加粉煤灰和矿渣的混凝土而言,其中含有的二氧化硅会与氢氧化钙进行二次反应,影响氢氧化钙含量的测定。因此,该方法也不适合水泥基复合体系。电阻率法通过水化过程中水泥基材料的电阻率变化来判断水泥水化的程度。电阻率法根据电压的类型分为直流电阻率法和交流电阻率法。直流电阻率法通过两个电极向水泥基材料中输入直流电流,并测量水泥基材料的电阻率。由于水泥基材料中的离子在两个电极之间会发生定向移动造成极化现象影响测量结果。交流电阻率法与直流电阻率法的区别在于将输入电压从直流电压变为 1 000 Hz 的高频交流电压,缓解了离子定向移动造成的极化现象。一些研究人员[58-64]根据基体电阻率曲线将水泥水化过程分为溶解期、诱导形成期、诱导期与凝结硬化期,并建立了微观结构中孔隙大小与电阻率的关系,同时分析了水灰比对电阻率的影响,但是这种方法依然受到电容效应带来的影响。随着机器视觉检测的发展,图像法也广泛地应用在水泥水化分析中。根据背散射电子图像可以得到不同龄期未水化水泥颗粒的体积分数,进而判断水泥水化的程度。王培铭等[65]结合了水化热法、氢氧化钙定量测定法和化学结合水法的优缺点,利用背散射电子图像分析法对水泥水化过程进行分析。它能够直观地反映水泥水化物的微观结构，根据灰度特征和形貌特征测定物相含量。但是物相含量的测定需要依托高质量的图像，耗费时间较长。

以上方法虽然都能很好地反应水泥水化过程中的微观特征，但是这些方法不适于水泥基复合材料和长龄期的水泥水化过程研究。而电化学分析方法，比如电化学阻抗谱法、腐蚀电位法、线性极化法和循环伏安法，通过电化学测量得到与水泥基材料微观特性相关的电化学参数。电化学分析方法的操作方便、简单，根据这些电化学参数可以研究水泥基材料的水化过程和微观结构，适用于水泥基复合材料的水化过程长龄期连续跟踪监测。

1.2.2 氯离子侵蚀

钢筋锈蚀是影响钢筋混凝土结构耐久性的主要因素之一。钢筋锈蚀主要由氯离子侵蚀引起。对于海洋水利工程结构物而言，受到海洋环境的影响，在潮汐区和浪溅区的腐蚀情况最为严重[66-68]。氯离子侵蚀是一个漫长的过程，在水下区和大气区海洋水利工程结构物也依然遭受着腐蚀损坏。钢筋混凝土结构受到海水、海风、海雾中的氯盐侵蚀会造成严重的钢筋腐蚀，导致大多数已经建成的海港、码头和海洋平台等工程都达不到设计年限的要求。

根据来源的不同，混凝土中的氯离子可以分为掺入型氯离子和渗入型氯离子[69]。掺入型氯离子是指在混凝土的配置过程中，由原材料或者其他掺和料带入混凝土中的氯离子。渗入型氯离子是指环境中的氯离子侵入混凝土中的氯离子。渗入型氯离子是混凝土中氯离子的主要来源形式。

根据氯离子的存在状态，又可以将混凝土中的氯离子分为自由氯离子和结合氯离子[70]。自由氯离子是指氯离子中的一部分进入混凝土孔隙溶液中以离子状态存在的氯离子，不会与其他物质发生化学反应。结合氯离子是氯离子中的一部分与带正电的水化物结合而成的氯离子。混凝土中的总氯离子含量是指结合氯离子和自由氯离子含量的总和,其中只有自由氯离子才会损害内部结构。并且,自由氯离子和结合氯离子可以相互转换。自由氯离子浓度、结合氯离子浓度与总氯离子浓度的关系为

$$C_T = C_F + C_B \tag{1.1}$$

$$C_B = C_{BC} + C_{BP} \tag{1.2}$$

式中,C_T 为总氯离子浓度;C_F 为自由氯离子浓度;C_B 为结合氯离子浓度;C_{BC} 为化学反应生成的结合氯离子浓度;C_{BP} 为物理吸附作用下混凝土的表面暴露于外部环境受到雨水的冲刷的氯离子浓度。因此,在混凝土一定深度处的氯离子浓度最大,这一现象称为“峰值内移”,如图 1.1 所示。另外,混凝土内部的氯离子分布也受到很多因素的影响,如朝阳性、通风情况等。

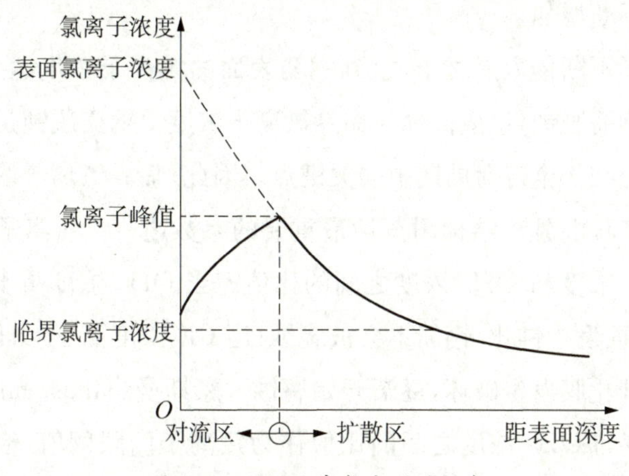

图 1.1 混凝土中氯离子的扩散

氯离子侵入混凝土的途径主要包括渗透、扩散、毛细管吸附和电化学迁移四种[71-72]。渗透是指在压力的作用下,离子和水在混凝土中迁移的过程,一般用渗透系数表示。毛细管吸附是指在湿度梯度作用下,离

子和水进入开口体系。干燥的钢筋混凝土结构接触海水后，氯离子通过毛细管吸附侵入混凝土内部。毛细管的吸附能力与混凝土表面的干燥程度成正比，同时也取决于混凝土孔隙中游离水的含量。电化学迁移是指氯离子受电场影响在电解质溶液中传输的过程。在水下区和潮汐区，海洋水利工程结构物长期接触海水，这部分的氯离子浓度较大，由高浓度区域向低浓度区域扩散。氯离子从高浓度区域向低浓度区域的迁移过程称为扩散。混凝土表面与混凝土深处的氯离子浓度差为扩散提供了动力。在大多数情况下，这几种途径同时存在。虽然氯离子在混凝土材料中的侵蚀过程十分复杂，但是在很多时候，特别是在海洋环境下，扩散是氯离子侵入海洋水利工程结构物中的主要方式。对于海洋环境下的浪溅区和潮汐区，干燥的混凝土表面与海水接触至饱和状态。待再次干燥的时候，水被蒸发至大气中，氯盐则留在了混凝土中并不断向内部侵蚀。润湿和风干交替的时间长短决定氯盐侵蚀的速度。在干湿交替的过程中，混凝土中的氯离子只进不出，造成混凝土中氯离子侵蚀的浓度和深度不断增加。

氯离子不断侵入混凝土，直到钢筋表面的氯离子浓度达到一定值，就会造成钢筋脱钝，该值被称为临界氯离子浓度。钢筋脱钝是海洋水利工程混凝土结构全寿命周期中的关键点。因此，临界氯离子浓度是评估海洋水利工程混凝土结构耐久性最重要的参数之一。氯离子门限阈值一般为 Cl^- 浓度与 OH^- 浓度之间的比值。当 OH^- 浓度高于 Cl^- 浓度时，钢筋表面发生钝化，钢筋不会被腐蚀；当 Cl^- 浓度高于 OH^- 浓度时，钢筋表面钝化膜发生破坏，逐渐开始腐蚀。豪斯曼（Hausmann）[73]最早将 Cl^- 浓度与 OH^- 浓度之间的比值作为氯离子门限阈值，他的研究表明，当 Cl^-/OH^- 值在 0.5～1.6 时，钝化膜破裂的氯离子阈值为 0.6。而卡斯特（Castel）等[74]认为钢筋表面钝化膜发生局部破坏的临界 Cl^-/OH^- 值为 1.5。安德雷德（Andrade）等[75]认为临界 Cl^-/OH^- 值为 0.75～1。这些研究结果差异很大，主要原因是各位学者使用的电化学试验方法、钢筋种类和试件尺寸均不同。阿朗索（Alonso）等[76]研究表明,恒电压和恒电流试验下测得的氯离子门限阈值比动电位试验下测得的氯离子门限阈值低。

氯离子向混凝土扩散并引起钢筋锈蚀是造成钢筋混凝土结构耐久性失效的直接原因,准确测量氯离子浓度关乎海洋水利工程混凝土结构的耐久性评估。氯离子通过混凝土孔结构的扩散作用从外部环境到达钢筋表面,因此氯离子在混凝土中的扩散特性也影响着混凝土中钢筋锈蚀程度。氯离子浓度的测量精度受到多种因素影响,不同方法和不同的换算方式都会导致不同的测量结果。为使测定的数据更具有代表性,试验中应该使用同一方法和换算方式。当前常见的氯离子浓度测试方法包括离子选择电极法[77-79]、溶液滴定法[80]、离子色谱法[81-83]、极谱法[84-85]、电化学分析法[86-87]和分光光度法[88-89]等。

离子选择电极法是根据标准曲线法进行测量,测试前先绘制标准曲线,再根据电极测得的电位值间接计算氯离子的浓度。这种方法的优点是电极安装简单、灵敏度高和精度高,缺点是电极稳定性不好,测量过程中电位容易出现漂移现象。溶液滴定法是利用已知浓度的试剂与未知浓度的样品发生反应,根据消耗已知浓度试剂的量来计算样品的浓度。这种方法所需的设备简单、精度高,但是需要人工干预,容易造成人为误差。离子色谱法是利用离子交换原理和液相色谱技术测量溶液中离子的含量。这种方法可以同时测量多种离子浓度、操作简单、测试快速、灵敏度和精度都较高。但是仪器成本较高,普遍用来测试溶液中的离子含量,对于固体样品而言需要进行复杂的预处理。极谱法是通过对电压的分解使测试样品发生还原反应,利用极谱电流表示离子的含量。这种方法便于应用,测试简单方便,但其灵敏度和精度相对较低,抗干扰能力相对较差。分光光度法是一种基于被测样本中分子对光选择性吸收特性的离子浓度测试方法。这种方法仅用于在样品量比较少的情况下的检测,检测速度快,但是测试结果的稳定性差,缺少统一的测试标准。

上述方法都可以用来测试钢筋表面的氯离子浓度,但是对于钢筋腐蚀而言,最重要的是测量临界氯离子浓度。由于电化学分析方法操作方便,除测量使钢筋开始锈蚀的临界氯离子浓度外,还可以分析钢筋脱钝后腐蚀状态的电化学特性。

1.2.3 钢筋锈蚀及检测

我国海岸线绵长,在海洋环境中,引起钢筋腐蚀的主要原因是氯离子侵蚀。混凝土内部总体为碱性环境,促使钢筋表面生成一层致密的钝化膜,以保护钢筋免遭腐蚀。当氯离子侵入混凝土且钢筋表面氯离子浓度达到临界值时,钢筋钝化膜被破坏,钢筋开始锈蚀。

根据海洋水利工程混凝土结构所处海洋暴露环境的位置,可以分为大气区、浪溅区、潮汐区和全浸区。位于大气区的海洋水利工程结构并不直接受到海水的冲刷,但是海风、海雾中具有大量的氯离子,也能逐渐侵蚀混凝土结构,造成混凝土结构的钢筋锈蚀。位于浪溅区的海洋水利工程结构会与海浪直接接触,干湿循环次数最多,混凝土结构的破坏也最为严重。位于潮汐区的海洋水利工程结构受到潮汐的影响,因其遭受干湿交替的次数低于浪溅区的混凝土结构,因此其混凝土结构的受破坏程度小于浪溅区的。位于全浸区的混凝土结构受到海水的隔绝,氧气供应不足,因此其受破坏程度远低于其他区域的。混凝土结构中钢筋腐蚀的形态可以分为全面腐蚀、孔蚀和缝隙腐蚀等。全面腐蚀是指钢筋整体被全部腐蚀,钢筋表面的钝化膜全部遭到破坏。孔蚀是指钢筋受到钝化膜的保护,只有个别地方因钝化膜破裂而受到的锈蚀。锈蚀面积非常小,腐蚀电流高度集中,由表面一点迅速发生,逐步向内层发展。该过程对局部的破坏程度较严重,其造成的影响巨大,往往远超全面腐蚀的破坏程度。缝隙腐蚀区域内部空间狭小属于缺氧区,其类似于孔蚀,也是在个别地方引发锈蚀破坏,腐蚀面积比孔蚀的还要小。

针对钢筋腐蚀机理的研究有很多,目前主流的腐蚀机理主要分为化学机理和电化学机理。对于前者而言,指的是钢筋与氧气(其他活性气体)接触发生氧化反应后出现腐蚀。对于后者,是指钢筋内部的大量电子被溶液所接收而发生还原反应。与纯粹的化学腐蚀机理相比，电化学腐蚀机理主要强调电荷的转移以及电极反应。当钢筋与溶液直接接触之后，钢筋的部分金属元素就会变成离子融入溶液之中，而相对应的电子则留在了钢筋表面。因此，钢筋自身带负电，溶液带正电。两者之间形成了电位差，即电极电位。随着钢筋融入溶液的离子越来越多，直至达到某一个稳定状态，此时的电位称为平衡电位。因为平衡电位无法测量，所以需要加入一个参比电极。采用不同的参比电极，所测得的电极电位也不同。一般而言，采用标准氢电极时所得到的电极电位等同于待测电极电位的绝对值。因此，在电化学腐蚀机理中，钢筋的腐蚀由一个氧化过程和一个还原过程组成，类似于腐蚀原电池。

钢筋外部的混凝土一方面减缓氯离子侵蚀至钢筋表面的速度，另一方面混凝土孔隙溶液具有高碱性，在钢筋表面形成了一层钝化膜，钝化膜同样可以减缓钢筋锈蚀的速度。关于钝化膜的构成，目前存在多种观点。一种认为钢筋处于碱性介质中，其表面会生成一层钝化膜[90]，这层钝化膜主要由 Fe_3O_4 和 Fe_2O_3 构成，且含有 γ-FeOOH。另一种[91]则认为钝化膜分别由内层和外层构成，内层的主要成分为 $Cr(OH)_3$，外层的主要成分为 Fe_3O_4、γ-Fe_2O_3 和 FeOOH。休伊特(Huet)等[92]的试验结果表明，pH 值不仅会改变钝化膜的成分组成，而且会影响钢筋钝化的状态。另外，合金中的 Cr 能够对钝化膜起到自我修复的作用。

钢筋表面钝化膜的存在能够很好地保护钢筋不受腐蚀。因此，很多学者研究了钢筋表面钝化膜的生成条件。王凯等[93]认为钢筋破坏存在两个临界 pH 值。当 $pH<9.8$ 时，钢筋表面无法生成钝化膜；当 $pH>11.5$ 时，钢筋表面生成完整的钝化膜。刘明等[94]利用循环伏安法分析发现，相比碳钢钢筋，含质量分数 5%铬元素钢筋的临界 pH 值较低，在 pH 值为 9.6 的碱性溶液中依然可以产生钝化膜。由此可知，铬元素能够促进钝化膜的产生。钢筋锈蚀从钢筋表面的钝化膜发生破坏时开始，钢筋表面就会形成阴阳两极从而发生电化学腐蚀。钢筋的主要成分有铁素体、渗碳体和游离石墨等，各成分的电极电位不同，表面在电解质溶

液中形成微电池,阴极为渗碳体,阳极为铁素体。其腐蚀机理可由图 1.2 说明。其中,阳极和阴极的反应式为

$$\text{阳极}:Fe \longrightarrow Fe^{2+} + 2e^{-} \tag{1.3}$$

$$\text{阴极}:O_2 + 2H_2O + 4e^{-} \longrightarrow 4OH^{-} \tag{1.4}$$

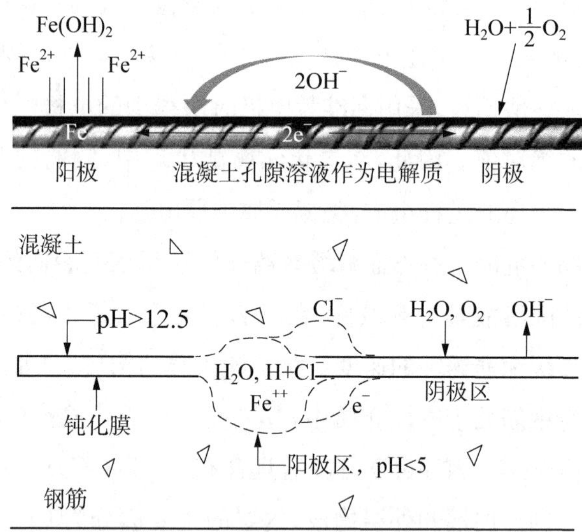

图 1.2 钢筋腐蚀机理示意图

当阴极区产生的 OH^{-} 传输至阳极区时,就会发生二次化学反应:

$$Fe^{2+} + 2OH^{-} \longrightarrow Fe(OH)_2 \tag{1.5}$$

$$4Fe(OH)_2 + O_2 + 2H_2O \longrightarrow 4Fe(OH)_3 \tag{1.6}$$

当钢筋混凝土结构受到氯盐侵蚀时,氯离子进入混凝土内部并到达钢筋的表面,造成钢筋表面钝化膜局部的 pH 值迅速降低。钢筋锈蚀与其表面的氯离子浓度有关,当钢筋表面的氯离子达到一定浓度时,钢筋开始锈蚀,因此称这时的氯离子浓度为钢筋锈蚀的氯离子门限阈值。氯离子的酸化作用直接破坏钢筋表面的钝化膜,对钢筋钝化膜的破坏发生在一些局部点,形成强大的腐蚀电流,从而在钢筋表面形成点蚀。氯离

子进入钢筋表面后形成氯化铁，氯化铁与氢氧根离子相遇后生成氢氧化铁沉淀。经过二次化学反应生成氢氧化铁后，一部分会氧化生成红锈，另一部分氧化不完全生成黑锈。红锈和黑锈在钢筋表面聚集形成锈蚀层。然而，在这个过程中，氯离子并没有随着铁锈的产生被消耗，它会一直残留在混凝土内部不断危害钢筋混凝土结构。氯离子侵入混凝土结构之后，在钢筋附近汇聚。当钢筋表面的氯离子浓度达到一定值后，就会破坏钢筋表面的钝化膜并形成腐蚀电池。钢筋锈蚀从局部点蚀变成大面积点蚀构成的腐蚀群，最后造成整个钢筋表面锈蚀，使得混凝土发生顺筋胀裂，进而加剧钢筋锈蚀。

钢筋锈蚀直接造成钢筋的力学性能下降、钢筋锈胀和钢筋断面损失。钢筋发生锈蚀之后，钢筋的横截面积变小，抗拉和弯折性能变差。此外，局部的锈蚀会造成应力集中，容易导致钢筋的二次破坏。钢筋腐蚀之后最大的变化是截面面积减小，当钢筋的截面损失比较小的时候，钢筋的力学性能基本没有变化。但是对于截面损失较大的钢筋，则可能会不满足结构承载力的要求。钢筋发生锈蚀后会产生大量充斥在钢筋与混凝土之间的锈蚀产物，加剧钢筋与混凝土之间的剥离，引起混凝土保护层开裂，影响钢筋与混凝土之间的黏结性能。另外，混凝土内部的钢筋通过裂缝直接暴露在大气中，进一步加剧了钢筋腐蚀。

总之，钢筋锈蚀对混凝土结构的安全性造成了很大影响。为了解混凝土结构中钢筋的腐蚀状况，就需要对钢筋的锈蚀情况进行测量。目前主流的钢筋锈蚀检测方法主要分为物理法、视觉法、氯离子检测法和电化学法。物理法又可以分为电阻探头、声发射、电磁法和应变法。电阻探头是在浇筑混凝土时，就将探头预埋至结构中。这种方法比较适合整体腐蚀测量。声发射法主要是利用锈蚀物造成混凝土的开裂会影响声波返回形式的特点，来探测锈蚀的位置。电磁法是指先使钢筋达到磁饱和，当钢筋腐蚀、截面损失时会造成磁场的变化，根据磁场的变化确定钢筋的腐蚀程度。这种方法能够定量地实现钢筋锈蚀的高精度无损检测。应变探头主要依据锈蚀膨胀造成的应力变化来检测钢筋锈蚀速度。视觉法主要通过钢筋表面是否存在锈斑人工判断确定钢筋锈蚀程度。氯离子检测方法是通过检测混凝土中的氯离子浓度来判断钢筋是否锈蚀的。

电化学法测试电激励下系统发生的氧化和还原过程，可分为电位图法、交流阻抗法、恒电流脉冲法、恒电量法和半电池法。电位图法是一种无损检测方法，能够迅速定位腐蚀的位置，同时评价腐蚀的程度。交流阻抗法可以测量得到钢筋覆盖层的电容、电阻等参数，从而进一步掌握钢筋的腐蚀速度和腐蚀机理。恒电流脉冲法是一种快速无损检测方法，能够迅速确定钢筋的腐蚀速度。恒电量法是通过测量电位变化来获得钢筋的腐蚀情况，这种方法的测量速度更快、精度更准。半电池法是工程实践中使用最为广泛的钢筋锈蚀检测方法，用电极电位作为判断钢筋腐蚀的依据，这种方法测试简单、方便、快速。

1.2.4 钢筋防护

目前，钢筋的防护方式主要有使用缓蚀剂[95-96]、阳极氧化膜[97-98]、有机涂层[99-100]和低合金耐蚀钢筋[101-104]等。缓蚀剂是一种或者几种可以防止或减缓钢筋腐蚀的混合物。缓蚀剂一般用于金属表面，使金属的腐蚀速度明显降低，同时还能保持金属材料的原有特性。常用的缓蚀剂可分为无机缓蚀剂和有机缓蚀剂。无机缓蚀剂一般为亚硝酸盐类缓蚀剂，研究发现 NO_2^- 和 Cl^- 的比值直接影响缓蚀剂的缓蚀效率。当该值处于 0.5～0.6 时，亚硝酸盐类缓蚀剂具有很好的缓蚀效果[105]。一些研究者[106]分别对比了 $NaMoO_4$、$NaWO_4$、$NaNO_2$ 和 $C_6H_6O_{24}P_6Na_{12}$ 四种亚硝酸盐类缓蚀剂对碳钢的缓蚀效果。结果表明 $NaMoO_4$ 促进碳钢钝化的作用要好于 $NaWO_4$ 和 $NaNO_2$，而 $C_6H_6O_{24}P_6Na_{12}$ 对碳钢的缓蚀作用最差。对于有机缓蚀剂，一些研究对比了多种有机缓蚀剂对钢筋混凝土的缓蚀作用。结果显示只有胺基类有机物与羧酸类有机物对钢筋锈蚀起到了缓蚀作用[107]，且缓蚀效果随着有机物浓度的增加而增加。这些有机物对钝化膜的溶解起到一定的缓解作用，并阻止氯离子的侵蚀[108]。

钢筋表面形成阴阳两极是发生电化学腐蚀的先决条件，其中阴极为渗碳体，阳极为铁素体。阳极发生氧化反应后在钢筋表面形成氧化膜，阻止电化学腐蚀的发生。在阳极氧化的基础上又发展出了微弧氧化，这种方式产生的微弧氧化膜具有耐腐蚀、耐高温等特点，已经广泛地应用在航空航天等领域[109]。在电化学的基础上还发展了阴极保护法，将钢筋处于阴极状态从而降低钢筋的锈蚀。常用的阴极保护法有外加电流法和牺牲阳极法。然而，阴极保护法虽然有效但是成本较高，不利于大规模应用。另外一种电化学方法为电化学除盐法，即在钢筋和外加阳极之间施加直流电，利用电场的作用将氯离子排出，同时提高钢筋附近的 pH 值，促进钝化膜的生成。

如前所述，海洋环境中钢筋锈蚀的前提是氯离子穿过混凝土并到达钢筋表面。为了从源头上杜绝或者减缓钢筋锈蚀，可以在混凝土表面涂刷防护层（又称阻锈剂）。防护层主要分为成模型防护层和渗透型防护层。前者主要通过物理作用将混凝土与外界完全隔离开；后者通过涂料渗透至混凝土内部，改变混凝土的孔隙率和密实度等特性，从而达到阻碍氯离子入侵的效果。根据形态可以将阻锈剂分为水剂和粉剂，常见的阻锈剂一般为水剂。

按照化学成分，又可以将阻锈剂分为无机型、有机型和混合型。无机型涂层主要为阳极阻锈剂，可以促进钢筋表面生成一层钝化膜。然而这种阻锈剂具有很强的致癌性，对人体会造成严重的危害。在钢筋表面涂抹有机层可以有效地提高其耐蚀性。有机型涂层可以分为长期耐蚀涂层和短期耐蚀涂层。长期耐蚀涂层包括环氧树脂、橡胶和聚氨酯等，短期耐蚀涂层包括油、漆、蜡等。环氧树脂因其具有黏附力大和强度高等特点而被广泛应用。这类涂层在 3.5%的 NaCl 溶液中的电化学阻抗最大，可以有效改善钢筋的耐蚀性能[110]。但是，环氧树脂有机涂层存在孔洞，容易发生脱落。为了进一步提高有机涂层的耐蚀性，一些研究者[111]利用等离子聚合方法提高聚合物膜与金属之间的黏结力。混合型阻锈剂是目前应用最为广泛的阻锈剂，能够同时对阴阳两极起到抑制作用。随着技术的不断发展，新型涂料不断涌现。例如纳米材料自身的体积效应和表面效应，使得有机涂料具有更好的力学性能；玻璃鳞片是一种新型的重防腐涂料，呈片状重叠分布，能够很好地阻止腐蚀的发展。

以上各种防护方式都是从钢筋自身以外的因素出发，阻止或者减缓氯离子侵蚀钢筋的速度。除此之外，还可以从钢筋自身出发，通过改善钢筋的性能来提高钢筋的耐蚀性。低合金耐蚀钢筋是防止和减轻钢筋锈蚀的一个重要研究方向。在钢筋中添加其他金属元素形成耐蚀低合金钢，不仅在价格上有优势，在性能上也能延长钢筋的使用寿命。

1933 年，美国学者第一次在碳钢中添加少量 Cu、Ni 等耐蚀元素从而研发出耐候钢，即耐大气腐蚀钢。1951 年，美国学者第一次研发出耐海水腐蚀钢。随后各国逐渐开展了耐蚀钢筋的研究。Cr 元素有着显著的耐腐蚀特性，在普通碳钢中添加少量的 Cr 元素能够在钢筋表面形成一层致密的保护层，提高钢筋的耐腐蚀性。在合金化的基础上，一些研究者[112]将 Cr 和 Ni 等耐蚀元素添加至碳钢中，以此来提升钢筋的耐蚀性能。研究表明，含有 0.40%～0.70% Cr 和 0.30%～0.50% Ni 钢筋的耐蚀性能较好。同时，钢筋中 Cr 和 Ni 的含量与临界点蚀电位呈正比。还有一些研究者[113-114]将 Cu 和 Mo 等耐蚀元素添加至碳钢中来提升钢筋的耐蚀性能。在不锈钢中加入 Mo 可以促进钝化膜中 Cr 含量的增加，提高钝化膜的稳定性和耐点蚀能力。哈拉达(Halada)等[115]研究了 Mo 和 Ni 元素对钢筋耐蚀性能的影响，结果表明 Ni 和 Mo 元素的添加会生成 $MoNi_4$ 薄膜，提高钝化膜的稳定性。赫尔马斯(Hermas)等[116]研究了 Si 元素对钢筋耐蚀性能的影响，表明 Si 元素能够在钢筋表面形成富硅薄膜，进而提高不锈钢的抗点蚀性能。吉冈(Yoshioka)等[117]发现稳定性元素 Nb 和 Ti 可以减缓钢筋点蚀的发生，降低钢筋的腐蚀速率。

综上可知，耐腐蚀钢筋是防止混凝土中钢筋发生锈蚀破坏的一个重要手段。

2 电化学分析方法的基本原理

电化学分析方法最早起源于 18 世纪出现的电解分析法和库仑滴定法，主要是通过化学电池中电压、电流或电阻等参数的变化来分析被测样品的组分构成和特性。根据电信号的不同可以将电化学分析方法分为电位法、电解法、电导法和伏安法。电位法通过电极的电动势判断被测样品的组分构成和特性；电解法通过电极上沉积物确定被测样品的组分构成和特性；电导法通过溶液的电导判断被测样品的组分构成和特性；伏安法通过获得电流与电压的曲线来确定被测样品的组分构成和特性。随着高新技术的快速发展，电化学方法也发生了日新月异的变化。1922 年出现的极谱法标志着电化学分析方法进入了另一个新的发展阶段，而后与交流阻抗技术相结合出现了电化学阻抗谱。电化学阻抗谱可以用来研究复合电路的特点和规律，因此广泛应用于钢筋混凝土腐蚀特性的研究中。本章介绍电化学阻抗谱、腐蚀电位法、循环伏安法和线性极化法等电化学分析方法的基本原理、测试条件和工程应用等。

2.1 电化学阻抗谱

2.1.1 基本原理

电化学阻抗谱又称为交流阻抗，是一种以小幅度电势波为扰动信号的电化学测试方法[118-120]。将扰动信号输入线性的稳定体系中,并测量输出的响应信号,根据输出信号与输入信号之间的关系研究线性稳定体系的特性。假定输入信号和输出信号分为相同角频率的正弦波电流信号和正弦波电压信号,表示两者之间关系的函数为频响函数,也称为阻抗。为了确保电化学阻抗谱测量的正常进行,必须保障阻抗的三个基本条件:因果性、线性和稳定性[121-122]。因果性保证输出信号仅是输入信号的响应,这样可以排除噪声的影响,确保输出信号与输入信号之间唯一的因果关系。如果稳定体系还受到其他信号的影响,不能确保输出信号依然为同角频率的正弦波信号,此时输入信号与输出信号之间的关系就不能用阻抗表示。线性可以保证输入信号和输出信号之间呈线性关系。如果两者呈非线性关系,输出信号中同时包含同频率的正弦波信号和其谐波。稳定性保证输入的扰动信号不会引起体系内部结构发生变化。即当输入信号终止后,体系能够恢复至原始状态。只有稳定性的体系,其输出信号才能反映其固有属性。

阻抗是一个输入信号和输出信号分别为电流信号和电压信号的频响函数。在电化学中,电压与电流的比值称为电化学系统的阻抗,表示为

$$Z(\omega)=Z'(\omega)-\mathrm{j}Z''(\omega)=\frac{\dot{U}}{\dot{I}} \tag{2.1}$$

式中,Z' 表示阻抗的实部,Z'' 表示阻抗的虚部,j 表示虚数单位,ω 表示角频率,$\omega=2\pi f$(f 为频率),阻抗的幅值 $|Z|=\sqrt{Z'^2-Z''^2}$,$\dot{U}$ 为电压,$\dot{I}$ 为电流。

阻抗是一个随频率变化的矢量[123-124],表示阻抗谱变化规律的方式主要分为奈奎斯特(Nyquist)图、波特(Bode)图和瓦博格(Warburg)图,如图 2.1 所示。奈奎斯特图[125-128]是在阻抗平面上,以阻抗实部(Z')为横坐标、阻抗虚部的负值($-Z''$)为纵坐标表示阻抗谱的变化规律。图中的某点坐标代表某一频率的阻抗,该点与坐标原点的矢量长度代表该频

率下阻抗的模值，该点和坐标原点的连线与横轴的夹角为该频率下阻抗矢量的相位角。奈奎斯特图无法表征频率信息，无法研究不同频率下体系的阻抗变化情况，只能研究体系的固有特性。波特图[129-132]则以 $\lg\omega$（或 $\lg f$）为横坐标、分别以 $\lg|Z|$ 和相位角 θ 为纵坐标表示电化学阻抗谱的变化规律。与奈奎斯特图不同的是，波特图能够体现阻抗谱中的频率信息，可以用来研究体系中与频率相关的特性。瓦博格图[133-134]以 $\omega^{-1/2}$ 为横坐标、以 Z' 或者 Z'' 为纵坐标表示阻抗谱的变化规律。当等效电路中包含扩散元件时，采用奈奎斯特图进行分析比较简单、方便。

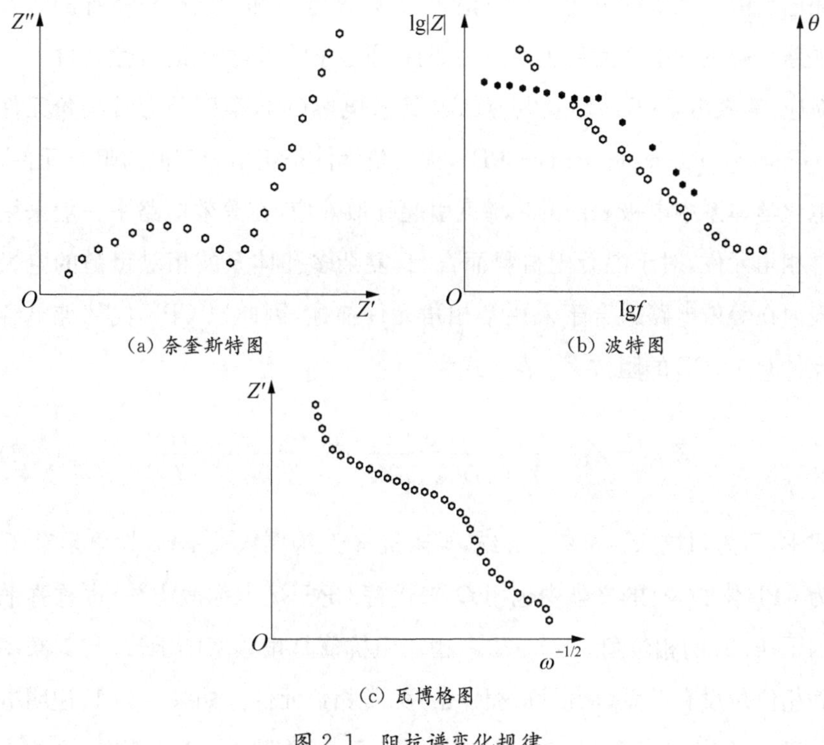

(a) 奈奎斯特图　　(b) 波特图

(c) 瓦博格图

图 2.1　阻抗谱变化规律

2.1.2　等效电路

当体系比较稳定且受噪声信号干扰小时，阻抗的测量类似于电学中对线性电路网络的测量。因此，利用等效电路分析电化学阻抗谱已经成为系统阻抗研究的主要方法[135-136]。电学中的线性元件主要包括电阻、电容和电感。这三类元件按照串联或并联的方式能够搭建各种不同的电路。电阻的阻抗只有实部没有虚部，而电容和电感的阻抗只有虚部没有实部且总为正值。基础的电学元件经过联结可以形成复合元件，复合元件和基础元件一样只能具有两个端点：输入端和输出端。在电化学体系中，并联电路代表平行过程，串联电路代表相继过程。

利用电阻、电容和电感等电路元件搭建一个电路，使该电路的阻抗频谱与电极系统的电化学阻抗谱相同，则该电路称为该电极系统的等效电路。等效的电学元件主要分为四种，前三种与电学中的线性元件一一对应：等效电阻(R)、等效电容(C)、等效电感(L)，第四种为常相角元件(constant phase element, CPE)，常相角元件是相角为定值的阻抗元件。电化学体系中电极表面的粗糙度引起弥散效应，在等效电路中一般采用常相角元件，对于混凝土材料而言，其复杂多孔体系的相对粗糙的电极表面在等效电路适合于采用常相角元件描述，因此以 CPE 代替纯电容元件 C。CPE 的阻抗 Z_Q 表达式为

$$Z_{CPE}=Z_Q=\frac{1}{Y_0(j\omega)^n}=\frac{1}{\omega^n Q}\left(\cos\frac{n\pi}{2}-j\sin\frac{n\pi}{2}\right) \tag{2.2}$$

式中，Z 为阻抗；Y_0 为基本导纳，与阻抗 Z 互为倒数关系；ω 为角频率；Q 为 CPE 常数，有的文献中也用 Q 来代替 CPE；n 为弥散指数，也称弥散因子；CPE 的相位角 $\alpha=n\pi/2$。由于阻抗值是角频率的函数，与其频率和相位角没有关系，所以称这种元件为常相角元件。如果 n 为 1，说明电极表面光滑，Q 相当于纯电容；如果 n 小于 1，说明电极表面粗糙，Q 相当于一个增大的电容。由于相位角减小，所以在奈奎斯特阻抗谱中表现为一个压扁了的容抗弧。

等效电阻与电学中的纯电阻相同，只是等效电阻有时可以为负值，其量纲为 $\Omega\cdot cm^2$。等效电阻的阻抗只有实部没有虚部，且阻抗与频

率无关。等效电容与电学中的纯电容相同，只有虚部没有实部且总为正值，其量纲为 $F \cdot cm^{-2}$。等效电感与电学中的纯电感相同，且总为正值，其量纲为 $H \cdot cm^{2}$。从式(2.2)中可以看出，CPE 包含两个参数：一个是基本导纳 Y_0 或 Q，其量纲为 $\Omega^{-1} \cdot cm^{-2} \cdot s^{-n}$ 或 F；另一个是弥散系数 n，无量纲指数，n 值越接近 1 表明体系越接近理想电容。利用这四种等效的电学元件通过并联或串联等方式搭建体系的等效复合电路。

可以使用电化学工作站测定稳定体系的电化学阻抗谱。根据电化学体系的特征估计该体系中可能包含哪些等效电路元件以及它们可能联结的方式，然后建立一个可能的等效电路。由于电化学体系是一个电子/离子(电极/电解质)的复合导体，电解质一般是溶液，电极是电子导体。当体系处于平衡状态时，电子和离子之间存在电压，同时存在电子/离子的界面，这一界面在电化学中称为双电层，该双电层具有电容值，因此称为双电层电容，混凝土体系中的双电层电容系指 C-S-H(水化硅酸钙，由 CaO、SiO_2、H_2O 三元体系组成)凝胶中双电层电容，用 C_d 表示。电荷在电子/离子界面之间传递时，需要克服一定的阻力，该阻力在电化学中用电荷转移反应电阻 R_{ct} 表征。另外，电解质中的离子由于电荷的转移导致分布不均，会发生由高浓度向低浓度转移的扩散过程，在电化学体系中该过程用瓦博格阻抗 Z_w 表征，表达式为 $Z_w = \delta(j\omega)^{-1/2}$，其中 δ 为扩散阻抗系数。电荷转移反应电阻 R_{ct} 和瓦博格阻抗 Z_w 组成了法拉第阻抗。通过对测得的电化学阻抗谱进行拟合，根据拟合结果得到电化学体系的 R_s(电解质电阻)、R_{ct}、C_d 及其他电化学参数，然后赋予这些等效电路元件的电化学含义。然而，电化学阻抗谱与等效电路之间不存在一一对应关系。一个电化学阻抗谱可以对应多个等效电路。最终依据等效电路在被测体系中的物理意义选用合适的等效电路。

一个稳定的体系受到扰动之后，该体系的各状态变量偏离稳定值。如果扰动很小，则特征值的偏离值也很小，不影响稳定性条件，扰动终止后,各状态变量恢复至原始值,这个过程称为弛豫过程。一个状态变量从偏置状态恢复至原始值的速率可以用特征量 $\gamma(\mathrm{s})$ 来表示,量纲与时间相同。这个特征量也称为弛豫过程的时间常数。时间常数的数值与弛豫过程快慢呈反比。在电化学测量中,时间常数是一个非常重要的参数。一般而言,电化学体系中至少有一个状态变量——电极电位,此时就有一个弛豫过程和一个时间常数。假如除了电极电位还有 n 个状态变量,那么一共有 $n+1$ 个弛豫过程和 $n+1$ 个时间常数。不同数量的时间常数对应不同的等效电路。对于具有一个时间常数的等效电路,可以用 Randles 型等效电路[137-139] $R_s+[C_d\ /\!/\ (R_{ct}+Z_w)]$ 进行拟合,其中"+"表示串联,"//"表示并联,如图 2.2(a)所示。

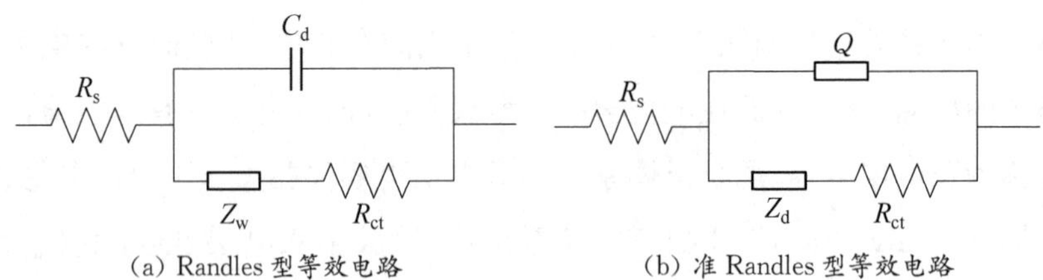

(a) Randles 型等效电路　　(b) 准 Randles 型等效电路

图 2.2　等效电路

$$
\begin{aligned}
Z_{\text{Randles型}} &= R_s + \frac{1}{1/(R_{ct}+Z_w)+1/(\mathrm{j}\omega C_d)^{-1}} \\
&= R_s + \frac{R_{ct}+Z_w}{1+\mathrm{j}\omega C_d(R_{ct}+Z_w)}
\end{aligned}
\tag{2.3}
$$

式中,R_s 为孔溶液电解质电阻,C_d 为 C-S-H 凝胶中双电层电容,R_{ct} 为电荷转移反应电阻,Z_w 为瓦博格阻抗。将 $Z_w=\delta(\mathrm{j}\omega)^{-1/2}$ 代入式(2.3)中,可得

$$
Z_{\text{Randles型}} = R_s + \frac{R_{ct}+\delta\omega^{-1/2}-\mathrm{j}\delta\omega^{-1/2}}{1+\mathrm{j}\delta R_{ct}C_d+\mathrm{j}\omega C_d(\delta\omega^{-1/2}-\mathrm{j}\delta\omega^{-1/2})}
\tag{2.4}
$$

所以,总阻抗 $Z_{\text{Randles型}}$ 的实部 $Z'_{\text{Randles型}}$ 和虚部 $Z''_{\text{Randles型}}$ 分别为

$$Z'_{\text{Randles型}}=R_s+\frac{R_{ct}+\delta\omega^{-1/2}}{(1+C_d\delta\omega^{-1/2})^2+\omega^2C_d^2(R_{ct}+\delta\omega^{-1/2})^2} \tag{2.5}$$

$$Z''_{\text{Randles型}}=\frac{\omega C_d(R_{ct}+\delta\omega^{-1/2})^2+\delta\omega^{-1/2}(1+C_d\delta\omega^{-1/2})}{(1+C_d\delta\omega^{-1/2})^2+\omega^2C_d^2(R_{ct}+\delta\omega^{-1/2})^2} \tag{2.6}$$

在高频电路中，当 $\omega\to\infty$ 时，$\delta\omega^{-1/2}\to 0$，$\delta\omega^{-1/2}C_d\to 0$，并且 $R_{ct}\gg\delta\omega^{-1/2}$，此时电路总阻抗 $Z_{\text{Randles型}}$ 的实部 $Z'_{\text{Randles型}}$ 和虚部 $Z''_{\text{Randles型}}$ 为

$$Z'_{\text{Randles型}}=R_s+\frac{R_{ct}}{1+\omega^2C_d^2R_{ct}^2} \tag{2.7}$$

$$Z''_{\text{Randles型}}=\frac{\omega C_dR_{ct}^2}{1+\omega^2C_d^2R_{ct}^2} \tag{2.8}$$

将式(2.7)和式(2.8)中的 ω 消去，得

$$\left(Z'_{\text{Randles型}}-R_s-\frac{R_{ct}}{2}\right)^2+(Z''_{\text{Randles型}})^2=\left(\frac{R_{ct}}{2}\right)^2 \tag{2.9}$$

在低频电路中，当 $\omega\to 0$ 时，ω 和 $\omega^{-1/2}$ 的项忽略不计，此时电路总阻抗 $Z_{\text{Randles型}}$ 的实部 $Z'_{\text{Randles型}}$ 和虚部 $Z''_{\text{Randles型}}$ 为

$$Z'_{\text{Randles型}}=R_s+R_{ct}+\delta\omega^{-1/2} \tag{2.10}$$

$$Z''_{\text{Randles型}}=\delta\omega^{-1/2}+2\delta^2C_d \tag{2.11}$$

将式(2.10)和式(2.11)中的 ω 项消去，得

$$Z'_{\text{Randles型}}=R_s+R_{ct}-2\delta^2C_d+Z''_{\text{Randles型}} \tag{2.12}$$

根据式(2.9)和式(2.12)分析得出混凝土 Randles 型等效电路的奈奎斯特曲线由低频和高频两部分组成，如图 2.3(a)所示。

除了 Randles 型等效电路，还可以利用准 Randles 型等效电路[140] $R_s+[Q//(R_{ct}+Q)]$ 进行拟合，如图 2.3(b)所示，阻抗 $Z_{\text{准Randles型}}$ 为式(2.13)。Randles 型等效电路中的双电层电容 C_d 被常相角元件 Q 取

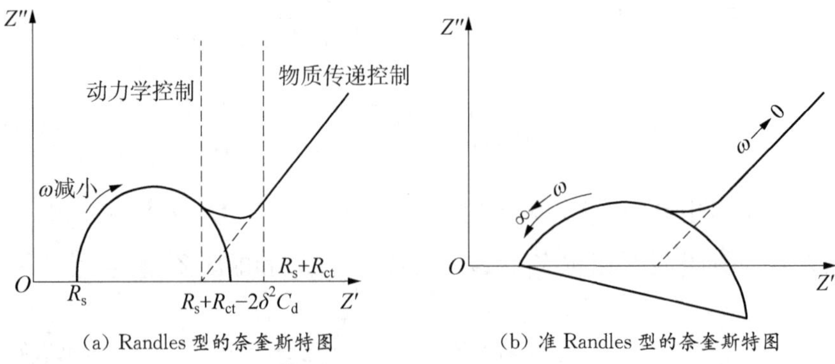

(a) Randles 型的奈奎斯特图　　(b) 准 Randles 型的奈奎斯特图

图 2.3　奈奎斯特曲线

代，瓦博格阻抗 Z_w 用扩散阻抗 Z_d 来替代。双电层电容 C_d 和扩散阻抗 Z_d 的表达方式变化为：①双电层电容 C_d 随着外加电场频率的变化不再是单纯的电容，变化为 $C_d=K(j\omega)^{-q}$，所以采用 K 值表征其大小；q 为常相角指数，反映了图 2.3(b)曲线中高频半圆的压扁程度。②扩散阻抗 Z_d 的表达式变化为 $Z_d=Q(j\omega)^{-p}$，p 为常相角指数，可以通过奈奎斯特图中低频直线与横轴的夹角除以 π/2 计算得到，反映直线与横轴的夹角偏离 45°的程度。

$$
\begin{aligned}
Z_{\text{准Randles型}} &= R_s + \frac{1}{1/(R_{ct}+Z_Q)+1/Z_Q} \\
&= R_s + \frac{Z_Q(R_{ct}+Z_Q)}{R_{ct}+2Z_Q}
\end{aligned}
\tag{2.13}
$$

将式(2.12)代入式(2.13)，得

$$
Z_{\text{准Randles型}} = R_s + \frac{R_{ct}(\omega^n Q)^{-1}\left(\cos\frac{n\pi}{2} - j\sin\frac{n\pi}{2}\right) + (\omega^n Q)^{-2}\left(\cos\frac{n\pi}{2} - j\sin\frac{n\pi}{2}\right)^2}{R_{ct} + 2(\omega^n Q)^{-1}\left(\cos\frac{n\pi}{2} - j\sin\frac{n\pi}{2}\right)}
\tag{2.14}
$$

当 R 和常相角元件 Q 并联时，根据式(2.9)推出并联总阻抗 $Z_{并}$ 为

$$Z_{并}=\frac{1}{\frac{1}{R}+\omega^n Q\left(\cos\frac{n\pi}{2}-\mathrm{j}\sin\frac{n\pi}{2}\right)}=\frac{R\left(1+R\omega^n Q\cos\frac{n\pi}{2}\right)-\mathrm{j}R^2\omega^n Q\sin\frac{n\pi}{2}}{1+2R\omega^n Q\cos\frac{n\pi}{2}+(R\omega^n Q)^2} \tag{2.15}$$

将式(2.15)中的 ω 消去，得

$$\left(Z'_{并}-\frac{R}{2}\right)^2+\left(Z''_{并}+\frac{R}{2}\cot\frac{n\pi}{2}\right)^2=\left(\frac{R_{ct}}{2}\times\frac{1}{\sin\frac{n\pi}{2}}\right)^2 \tag{2.16}$$

当 R 和常相角元件 Q 串联时，根据式(2.9)推出串联总阻抗 $Z_{串}$ 为

$$Z_{串}=R+(\omega^n Q)^{-1}\left(\cos\frac{n\pi}{2}-\mathrm{j}\sin\frac{n\pi}{2}\right) \tag{2.17}$$

根据式(2.17)中的虚部和实部，消去 ω^{-n}，得

$$Z''_{串}=\tan\frac{n\pi}{2}Z'_{串}-R\tan\frac{n\pi}{2} \tag{2.18}$$

根据式(2.16)和式(2.18)分析得出，混凝土准 Randles 等效电路的奈奎斯特曲线由两部分组成，如图 2.3(b)所示。利用准 Randles 型等效电路可以对水泥水化过程进行研究，奈奎斯特图在高频条件下出现了弥散效应，该等效电路更适合水泥水化的微观结构分析。

此外，还可以利用 $R_s//(Q_{dl}+R_{ct})$ 和 $R_s+[C_d//(R_{ct}+Z_d)]$ 等效电路对混凝土电化学体系进行描述。其中，Q_{dl} 为电荷转移电容、Z_d 为扩散阻抗。这也说明一个电化学阻抗谱可以用不同的等效电路描述。不同的等效电路对电化学系统描述的详细和符合程度不同，可通过电化学参数实测值与理论值误差的比较确定不同等效电路的符合程度。

2.1.3 测试条件

利用电化学工作站对水泥基材料阻抗进行测试，电极材料一般为不锈钢。一些研究[141]发现活性较低的导电材料对测试结果的影响最小，因此选择不锈钢材料作为电极材料是合理的。阻抗测试中的电极体系一般可以分为两电极、三电极和四电极体系[142-146]，如图 2.4 所示。其中，I_{Hi} 为工作电极，V_{Hi} 为工作感应电极，V_{LO} 为参比电极，I_{LO} 为辅助电极。将四电极体系中的工作电极 I_{Hi} 和工作感应电极 V_{Hi} 连接在一起，就构成了三电极体系，但大部分试验研究都选用两电极体系[147]。一些研究者[148]对上述三类电极体系进行了对比，发现三电极和四电极体系会受电极接触和参比电极等影响，造成测试结果出现较大的误差，而两电极体系受接触电阻的影响很小，测试结果比较可靠。两电极体系仅仅受到扩散电阻的干扰，可以通过剖光电极片等方式尽可能减小扩散电阻对测试结果的影响。

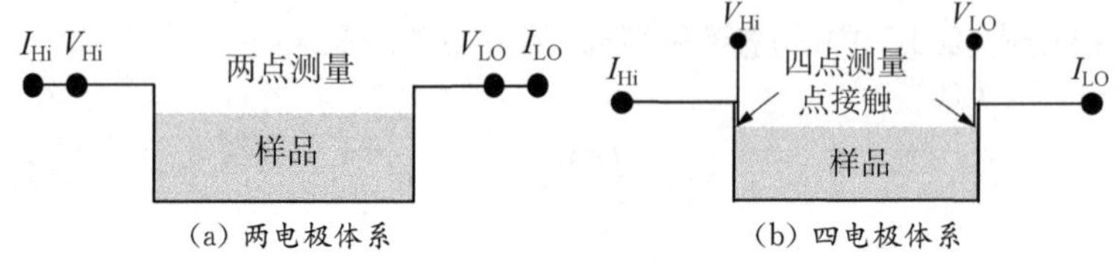

(a) 两电极体系　(b) 四电极体系

图 2.4　电极体系

在阻抗测试中，电压和频率对测试结果也有着重要影响。线性是保证阻抗测试结果正确的前提，只有输入小幅值的正弦交流信号才能保证测试体系的线性条件。因此，为了保障稳定体系的线性条件，测试电压不能过大。一些研究表明[149-151]，当输入电压小于 10 mV 时体系为线性体系，而大于 10 mV 时为非线性体系。目前，一些商业用的电化学分析工作站[152-155]的测试频率一般在 0.1～10 MHz 或 20～110 MHz 的范围内。低频率测试范围为 1～100 Hz，高频率测试范围为 10～20 MHz。在进行阻抗测试时，频率的范围越大，得到的阻抗数据越完整。然而，随着频率的不断增大，在测试过程中会产生感抗效应，容易影响测试结果。而频率范围过小会限制采用阻抗数据分析混凝土内部结构发展的优势，因此，应该在确保测试精度的基础上确定测试频率的范围。一般认为阻抗谱频率超过 10 MHz 后，测试数据会受到较大的影响，误差不在可接受的范围内。因此，测试时高频选择 10 MHz，低频截止频率选择 0.1 Hz。

电化学工作站的工作频率范围为 0.1～10 MHz，交流激励信号的振幅为 10 mV。在混凝土试样中，采用两电极体系，将测试试件的一端与工作电极相连，另外一端与辅助电极和参比电极相连。对于碳钢钢筋和合金钢筋的电化学测试，采用三电极系统对其进行阻抗谱测试。

本书采用 RST(RST 表示三相电源输入，R、S、T 代表电源的相序，分别接入电源的 A、B、C 相)电化学工作站对混凝土和混凝土中的钢筋腐蚀进行电化学阻抗及其他电化学特性进行分析，该工作站电流控制范围为±5 μA～2 000 mA，输入阻抗大于 1 013 Ω，电流分辨率小于 0.005 pA。试验仪器如图 2.5 所示，该仪器可以对混凝土试样进行开路电位、电化学阻抗、动电位极化曲线、莫特-肖特基曲线、循环伏安曲线等测试。

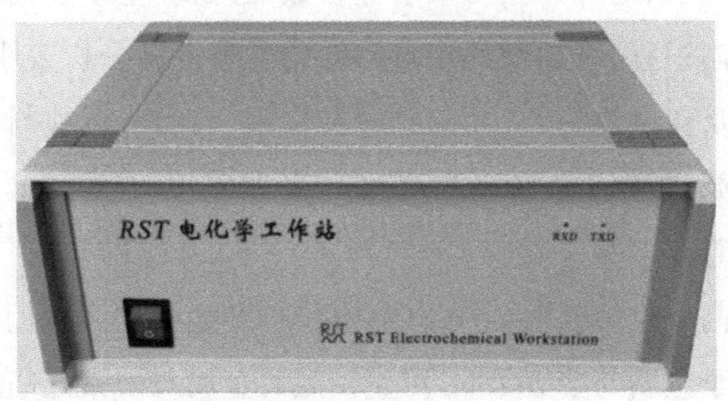

图 2.5 RST5200 电化学工作站

2.1.4 主要应用

随着电化学阻抗谱研究的日益成熟，电化学阻抗谱测量技术也得到了快速发展，在材料研究领域得到了广泛应用，包括金属材料的腐蚀与防护、聚合物复合材料、半导体材料和导电高分子膜等领域。

金属腐蚀与电化学体系中的极化电阻和界面电容有关。在稳态极化曲线上，某一电位处的斜率称为该电位下的极化电阻。腐蚀电位下极化电阻与腐蚀电流密度呈反比，根据这一关系可以通过测量腐蚀电位下的极化电阻得到金属体系中腐蚀的电流密度。金属和溶液之间在离子作用下形成一个界面电容，界面电容的变化能够反映金属的腐蚀状态。金属腐蚀后会在表面形成腐蚀物，此时会出现两种情况：一种是金属表面产生致密的钝化膜，类似于一个新相，但是它的电容值非常小；另一种是金属表面出现疏松的腐蚀物，它的电容非常大。因此，极化电阻和界面电容是研究金属腐蚀过程的重要参数。而电化学阻抗谱能够方便快捷地测量材料的极化电阻和界面电容。以此研究腐蚀过程中缓蚀剂的作用机理、金属表面钝化膜的产生以及金属腐蚀。

由于钢筋腐蚀造成巨大的经济损失和安全隐患，因此产生了很多钢筋防腐的方法。缓蚀剂作为阻止氯离子侵蚀钢筋的有效手段，其阻止金属腐蚀的原理得到充分研究。利用电化学阻抗谱可以获得金属腐蚀过程中的极化电阻、电容和缓蚀效率等参数，进而确定缓蚀剂在金属表面的吸附和脱附过程、缓蚀剂的用量。电化学阻抗谱分析表明，缓蚀剂能够阻碍腐蚀反应的进行，从而起到缓蚀作用。此外，缓蚀剂在金属表面形成一层薄膜，类似于一种新相，它的电容非常小，有效降低了电极体系的双电层电容。

金属在高电位情况下会发生氧化反应，产生一层致密的钝化膜。这层钝化膜位于金属与溶液之间，可直接阻碍金属与溶液之间的电化学反应。电化学阻抗谱技术可以测量钝化膜的面积和厚度等参数。金属腐蚀从钝化膜的破坏开始。钝化膜最初的破坏是小孔腐蚀，至局部逐渐溶解消失之后，金属进入孔蚀阶段。此时金属表面局部的腐蚀电流增大，阻抗增加，阻抗谱出现低频扩散电阻，这部分电阻是由钝化膜溶解引起的。在金属腐蚀的前期，金属表面处于活化阶段，随着腐蚀的进行，腐蚀产生的附着物开始逐渐影响金属电化学反应的进行。金属在应力和腐蚀的双重作用下发生的失效现象称为应力腐蚀。这两种因素相互促进，加剧金属的失效速度，容易造成严重的安全事故。电化学阻抗谱测量技术在这方面的应用比较少。虽然针对这种复合作用下的腐蚀研究更贴近实际，但是试验过程中的参数设置比较复杂。电化学阻抗谱分析表明，极化电阻随着应力的增加而降低，并且在强化阶段达到最小值。因此，通过电化学阻抗谱测量技术得到的极化电阻可以反映金属的力学强度。

金属复合材料根据形态可以分为层状复合材料和颗粒分散复合材料。层状复合材料是指金属表面有一层物质，两者之间具有一个比较明显的界面。颗粒分散复合材料是指金属表面颗粒物均匀分布，每一个颗粒与金属之间都存在一个明显的界面。涂层也是阻止金属腐蚀的一种方法，采用电化学方法针对复合材料防腐涂料的研究主要是利用电化学阻抗谱建立等效电路进行分析，获得各等效元件的参数。根据这些参数对防腐涂料的性能进行评价。有机涂层在失效过程中存在三种物理过程，第一种是在电化学阻抗谱出现电弛豫过程，第二种是侵蚀离子达到金属表面发生电荷转移，第三种是电化学阻抗谱出现扩散过程。有机涂料中水分子与离子的传输会直接影响涂层的防腐效果。

2.2 腐蚀电位法

混凝土中钢筋腐蚀是一个电化学反应的过程。电化学反应引起带电离子的同方向运动，使混凝土成为一个电导体。通过混凝土的导电性判断腐蚀电流的强弱。腐蚀电流强说明钢筋腐蚀严重，腐蚀电流弱则说明钢筋腐蚀较轻。通常，完整的钝化膜能有效地保护钢筋，完好钢筋的电动势与腐蚀钢筋的电动势不同。因此，采用腐蚀电位法能够很好地反映钢筋表面的腐蚀情况。

腐蚀电位法[156-159]是一种无损检测方法，因其不会干扰混凝土自身的状态而得到了广泛使用。可根据钢筋电位的变化测量钢筋的腐蚀状态，因为不确定性很大，工程中一般采用概率准则判别钢筋的腐蚀状态，如表 2.1 所示。影响钢筋腐蚀电位的因素主要有钢筋表面的腐蚀状态、混凝土性质和所处的环境。

表 2.1 钢筋腐蚀电位解释

$Cu/CuSO_4$ 饱和溶液 /mV	甘汞电极 /mV	Ag/AgCl 电极 /mV	腐蚀概率
＞－200	＞－126	＞－110	不腐蚀＞90％
[－350，－200]	[－276，－126]	[－269，－110]	不确定
＜－350	＜－276	＜－269	腐蚀＞90％

2.3 线性极化法

线性极化法是一种快速测定金属瞬时腐蚀速度的电化学方法，根据腐蚀电位附近极化电位与极化电流之间的线性关系来测定金属的瞬时腐蚀速度[160-163]。由于线性极化法测试方便、快捷，广泛应用于试验研究和实际检测中。根据电化学腐蚀理论，在腐蚀电位 E_{corr} 附近(±10 mV)，电位与电流呈线性关系。金属腐蚀电流密度可表示为

$$i_{corr}=\frac{B}{R_p} \tag{2.19}$$

式中，i_{corr} 表示腐蚀电流密度；R_p 表示极化电阻，即极化曲线在腐蚀电位 E_{corr} 时的斜率；B 为常数，由腐蚀过程中阳极和阴极反应的塔费尔(Tafel)斜率(b_a 和 b_c)确定，具体如图 2.6 所示。

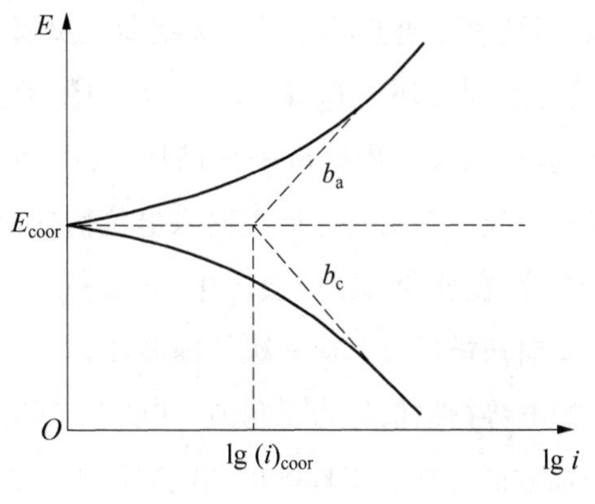

图 2.6 塔费尔曲线

常数 B 的表达式为

$$B=\frac{b_a b_c}{2.303(b_a+b_c)} \tag{2.20}$$

此外，当钢筋处于活化状态(锈蚀)时，常数 B 为 26 mV[156]；钢筋处于钝化状态时，B 为 52 mV。

本书利用 RST 电化学工作站测试得到动电位极化曲线，待测试试样的开路电位稳定后，以 $1\ \mathrm{mV\cdot s^{-1}}$ 的扫描速率进行测试，直到阳极测试电流大于 $1\ \mathrm{mA\cdot cm^{-2}}$ 时扫描停止。

2.4 循环伏安法

循环伏安法是一种电化学分析方法，常用于确定反应物浓度、电极活性面积反应的传递系数等动力学参数[164-167]。该方法采用三电极体系(工作电极、辅助电极和参比电极)。同时，循环伏安法属于线性扫描的一种，线性电势扫描形式可以分为单程线性电势扫描、三角波扫描和连续三角波扫描。采用循环伏安法测试时在工作电极上输入按照一定速率线性变化的电位信号，当电位达到扫描范围的上限时，再反向扫描至扫描范围的下限，即利用三角波形进行一次或多次反复扫描。扫描的同时，电极上交替发生不同的还原和氧化反应，自动测量并记录电位扫描过程中电极的电流，每扫描一周完成一个循环。将电流-电位数据绘成图即得到循环伏安曲线。在工作电极上输入电位信号，在正向扫描时会产生一个氧化反应峰，在反向扫描时会产生一个还原反应峰。一个正向扫描过程和一个反向扫描过程形成一次扫描循环。

循环伏安法的电势扫描信号为三角波，如图 2.7 所示。当线性扫描时间 $t=\lambda$ 时，扫描方向改变。工作电极的电势可表示为

$$E=E_i-vt \quad (0<t\leqslant\lambda) \tag{2.21}$$

$$E=E_i-2vt\lambda+vt \quad (t>\lambda) \tag{2.22}$$

式中，E 为电压，E_i 为最小电压值，C 为反应物的离子浓度。

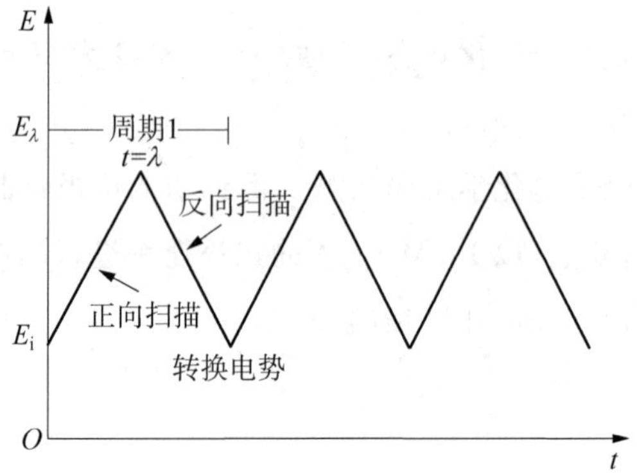

图 2.7　循环伏安法中施加的电势三角波

对于可逆的电极反应，若反应物和产物均为可溶性物质，则峰电流 i_p 和溶液体积浓度的关系满足 Randles-Sevcik 方程：

$$i_p=-0.4463(nF)^{3/2}RT^{-1/2}ACD^{1/2}v^{1/2} \tag{2.23}$$

若反应产物为不可溶物，则满足 Berzins-Delahay 方程：

$$i_p=-0.62(nF)^{3/2}RT^{-1/2}ACD^{1/2}v^{1/2} \tag{2.24}$$

式中，i_p 为峰电流；A 为电极活性面积；n 为电化学反应中交换的电子数；F 为法拉第常数；R 为标准气体常数；T 为开尔文温度；C 为反应物的体积浓度；D 为扩散系数；v 为电位扫描速度。

根据循环伏安曲线获得的参数如下：阳极扫描的峰电流和阴极扫描的峰电流之比 i_{pa}/i_{pc}，阳极和阴极扫描过程中的峰电势之差 $E_{pa}-E_{pc}$，以及峰电位和半峰电位的差值 $E_p-E_{p/2}$，这些参数可以用来判断体系的可逆性。满足如下条件可以认为反应是可逆的：①扫描峰电位 E_p 与扫描速度 v 无关；②阳极扫描的峰电流和阴极扫描的峰电流之比为 1；③阳极和阴极扫描过程中的峰电势之差满足：

$$E_{pa}-E_{pc}=2.3\,\frac{R_t}{nF} \tag{2.25}$$

④峰电位和半峰电位之间的差值满足：

$$E_p-E_{p/2}=2.2\,\frac{R_t}{nF} \tag{2.26}$$

对于不可逆的体系，循环伏安曲线的形状会发生改变，峰电势 E_p 为扫描速度的函数，电势差 $E_{pa}-E_{pc}$ 将增大。

本书利用 RST 电化学工作站测试铬合金的循环伏安曲线，待被测试样的开路电位稳定后开始扫描，电位极化范围为－1.5～1.0 V，扫描速率为 10 mV/s，共进行 5 次扫描。

2.5 莫特-肖特基曲线

碱性环境中的钢筋会在表面生成一层钝化膜，阻止钢筋腐蚀。钢筋钝化膜的破坏是钢筋腐蚀的开始。研究钢筋的钝化膜可以采用交流阻抗、光电子能谱和莫特-肖特基曲线。利用莫特-肖特基曲线研究钝化膜内的空间电荷电容随电极电位的变化趋势，可以获得与钝化膜半导体性质有关的掺杂浓度、平带电位等信息，进而分析钝化膜的特性[168-171]。

固体根据其导电性质可以分为金属、半导体和绝缘体三类结构。大部分金属的钝化膜属于半导体结构，当钝化膜与水溶液接触时，接触区域之间的电荷会进行重新分布，在钝化膜的附近形成空间电荷层，而在液相附近聚集了相反电荷粒子形成的电荷层和钝化膜形成固/液双电层（Helmholtz 层）。此外，固/液双电层与溶液之间由于离子浓度的不同形成了扩散层。当钝化膜与溶液接触之后，电极表面的电容为三个双电层串联电容之和，因此有

$$\frac{1}{C}=\frac{1}{C_{SC}}+\frac{1}{C_{H}}+\frac{1}{C_{D}} \tag{2.27}$$

式中，C 为电极表面的总电容；C_{SC} 为空间电荷层的电容；C_{H} 为固/液双电层的电容；C_{D} 为扩散层的电容。

固/液双电层和扩散层的电容比较大，电极总电容主要由钝化膜的空间电荷电容决定。因此，电极电容约等于空间电荷层电容（$C=C_{sc}$），表示为

$$C=\frac{\varepsilon S}{4\pi kd} \tag{2.28}$$

式中，ε 为半导体的相对介电常数；S 为电极面积；k 为波尔兹曼常数；d 为空间电荷层厚度。

当在电极上输入电压时，钝化膜空间电荷层的电容受输入电压调节。调节外电压使钝化膜空间电荷层中的载流子浓度几乎为 0 时，空间电荷层的电荷与外加电压符合下列莫特-肖特基关系：

$$\frac{1}{C^2}=\frac{2}{\varepsilon\varepsilon_0 A^2 N_D}\left(E-E_{fb}-\frac{kT}{e}\right)\ \text{（n 型半导体）} \tag{2.29}$$

$$\frac{1}{C^2}=-\frac{2}{\varepsilon\varepsilon_0 A^2 N_A}\left(E-E_{fb}-\frac{kT}{e}\right)\ \text{（p 型半导体）} \tag{2.30}$$

式中，C 表示空间电荷层电容；ε 为钝化膜的相对介电常数；ε_0 为真空介

电常数(8.854×10^{-12} F・m^{-1});e 为电子电荷(1.602×10^{-19} C);N_D、N_A 分别为供体密度和受体密度;E 为外加电位;E_{fb} 为平带电位;k 为波尔兹曼常数(1.38×10^{-23} J・K^{-1});T 为绝对温度(298 K);A 为试件与溶液的接触面积。

在外加电压下以测得的电容值平方的倒数为纵坐标、外加电压为横坐标绘制的曲线为电容/电压曲线,称为莫特-肖特基曲线。在曲线图中,根据耗尽层对应的曲线斜率的正负可判断钝化膜半导体的类型。如果斜率为正值,钝化膜属于 n 型半导体;如果斜率为负值,钝化膜属于 p 型半导体。曲线切线在横坐标的截距数值为 E_{fb},根据式(2.29)和式(2.30)可以计算得出 N_D 或 N_A。

本书利用 RST 电化学工作站测试铬合金的莫特-肖特基曲线,待测试样的开路电位稳定后,电化学工作站的测试频率为 1 kHz,选定电位极化范围 −1.0～0.4 V,交流激励信号的幅值 10 mV,扫描速率 50 mV・s^{-1}。

3

混凝土水泥水化过程交流阻抗特性分析

随着混凝土在土木工程中的应用日益增多，保证混凝土的耐久性、延长其使用寿命成为人们关心的热点问题。干燥的混凝土是一种绝缘体，它的电阻率大小在 $10^4 \sim 10^9\ \Omega \cdot m^2$ 范围内。但是处于潮湿环境中的混凝土，在水泥水化过程中其孔隙溶液会产生大量化合物，并且是以离子的形式游离于孔隙溶液中，使得其具有一定的导电性能。而混凝土的导电性能主要由混凝土孔隙溶液的性质与孔隙结构决定。可见，湿混凝土作为一种导电材料，其结构与基本性能取决于水泥水化过程的状态，由于湿混凝土具有一定的导电性，可以用交流阻抗来研究其基本性能[172-180]。

本章主要对混凝土水泥水化过程进行研究，利用交流阻抗测量对混凝土水泥水化过程中不同阶段的电化学特性进行分析，利用电路阻抗模型将混凝土水泥水化过程与等效电路建立联系，同时还研究了粉煤灰混凝土的水泥水化过程。

3.1 试验设计和步骤

3.1.1 试验材料

1. 水泥

本试验所使用的水泥为普通硅酸水泥 P. O42. 5R。水泥的初凝时间为 175 min,终凝时间为 230 min。表 3.1 和表 3.2 给出了水泥的具体化学组成和性能指标。

表 3.1 水泥化学成分相对含量

成分	Al_2O_3	R_2O	SiO_2	CaO	SO_3	Fe_2O_3	MgO
相对含量/%	4.57	0.46	21.12	63.48	2.59	3.97	1.76

表 3.2 水泥物理力学特性

安定性	比表面积/($m^2\cdot kg^{-1}$)	抗压强度/MPa		抗折强度/MPa	
		3 d	28 d	3 d	28 d
合格(沸煮法)	合格(>300)	18.1	45.3	4.2	7.5

2. 粉煤灰

本试验采用华能Ⅱ级 FA 粉煤灰,比表面积为 645 $m^2\cdot kg^{-1}$,满足国标 GB/T 1596—2005 的基本要求。表 3.3 和表 3.4 给出了粉煤灰的具体化学成分和性能指标。

表 3.3 粉煤灰(Ⅱ级)化学成分相对含量

成分	SiO_2	Fe_2O_3	Al_2O_3	CaO	MgO	SO_3
相对含量/%	63.24	3.35	19.16	3.21	1.28	0.31

表 3.4 粉煤灰(Ⅱ级)性能指标(%)

细度(45 μm 方孔筛筛余)	含水率	需水量比	烧失量
4.9	0.35	105	3.8

3. 集料

粗集料采用粒径为 5～23 mm 的优质石灰石($CaCO_3$),连续级配;细集料采用细度模数为 2.5 的优质河砂，Ⅱ区级配。

4. 水

水为自来水。

3.1.2 混凝土试件制备

1. 普通混凝土试件制备

(1) 按照计算的配合比，称取水、水泥、砂和石，制作普通混凝土试样。表 3.5 给出了普通混凝土的配合比。

表 3.5 普通混凝土配合比

编号	水灰比(w/c)	各组分质量/($kg \cdot m^{-3}$)			
		水泥	水	石	砂
C1	0.4	503	201	1148	571
C2	0.5	446	223	1148	571
C3	0.6	402	241	1148	571

(2) 将石、砂和水泥依次放入搅拌机中，然后倒入所称量的水，边倒入边搅拌，将搅拌好的混凝土灌入 100 mm×100 mm×100 mm 的混凝土试模中，制作水灰比分别为 0.4、0.5 和 0.6 的混凝土立方体试件。振捣或振动台上振实后置于标准养护室中。

2. 粉煤灰混凝土试件制备

(1) 使用等量取代法，将水灰比为 0.5 的普通混凝土试件的水泥用等质量的粉煤灰替代，制作水胶比 0.5 的粉煤灰混凝土试件，配合比如表 3.6 所示。在表 3.6 中，C2(F0)为未掺粉煤灰的混凝土(普通混凝土)；F1～F3 为不同粉煤灰掺量的粉煤灰混凝土。

(2) 制作水胶比 0.5 的粉煤灰混凝土立方体试件(100 mm×100 mm×100 mm),在振捣或振动台上振实后置于标准养护室中。

表 3.6 粉煤灰混凝土配合比

编号	水胶比	胶凝材料用量/($kg\cdot m^{-3}$)	胶凝材料各组分掺量		各组分质量/($kg\cdot m^{-3}$)		
			水泥/%	粉煤灰/%	水	石	砂
F0(C2)	0.5	446	100	0	223	1148	571
F1	0.5	446	90	10	223	1148	571
F2	0.5	446	80	20	223	1148	571
F3	0.5	446	70	30	223	1148	571

达到预定的试验时间时,采用电化学工作站逐一测量混凝土试块的阻抗谱。测量时,将混凝土试块的端面放置在尺寸为 100 mm×100 mm 的不锈钢板上,与其相对的另一面上放置同样规格的不锈钢板,将电化学工作站的工作电极分别夹在两个钢板上;调整电化学工作站的测试旋钮,记录并保存测量的电化学阻抗谱数据。

3.2 混凝土水泥水化过程的交流阻抗分析

3.2.1 水泥水化过程 0~28 d 的交流阻抗分析

混凝土水泥水化过程是一个纯粹的化学反应,以水泥熟料中的主要成分硅酸三钙($3CaO\cdot SiO_2$,简写为 C_3S)为例,一般环境下,C_3S 的水化反应可以表示为

$$C_3S + (3 - x + n)H \longrightarrow C_xSH_n + (3 - x)CH \tag{3.1}$$

式中,n 为结合水量,x 为钙硅比(Ca/Si),用来描述硅酸钙的碱度。公式

中生成的水化产物C-S-H是一种组分可变的无定型显著的物相，是一种介稳产物。水泥熟料化学成分与矿物成分的简写常用的有：CaO简写为C；SiO_2 简写为S；H_2O 简写为H。水泥水化过程产生了水化产物C-S-H凝胶，存在电荷在分子间的转移过程。

对不同龄期、不同水灰比混凝土水泥水化过程的状态进行分析，利用电化学工作站进行测试，通过对实测阻抗值的分析与拟合，分析不同阶段的交流阻抗特征，研究混凝土水泥水化过程中的电化学特性。利用建立的准Randles模型的等效电路，分析各电化学参数的变化规律，包括孔隙溶液电解质电阻 R_s、电荷转移反应电阻 R_{ct}、双电层电容 C_d、混凝土水泥浆体常相角指数 q、扩散阻抗系数 δ、孔结构扩散过程中常相角指数 p。

图3.1(a)为混凝土试块浇注后90 min时的奈奎斯特曲线，从图中可以看到不同水灰比的混凝土水泥水化交流阻抗特征曲线均近似为一条直线，这与理论上的Randles型或准Randles型曲线不同，这是因为在水化早期阶段，水泥水化还未使混凝土形成稳定的固态形状，导致整体固液界面没有完全形成，整个水化过程只是一个表面的液体/固体过渡过程，并不存在电化学反应，因此高频区域并未出现半圆，整个交流阻抗曲线可近似地看作 R 和 C 的串联，奈奎斯特曲线形状类似于饱和 $Ca(OH)_2$ 溶液的曲线。

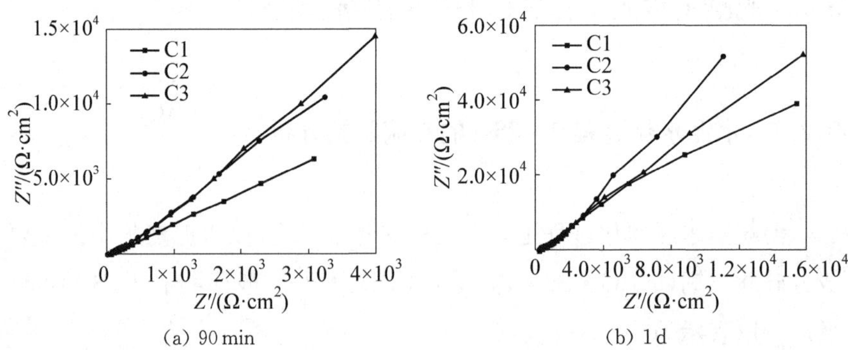

图3.1 混凝土水泥水化90 min和1 d时的奈奎斯特曲线

图 3.1(b)给出了 1 d 龄期时不同水灰比混凝土水泥水化过程的奈奎斯特曲线。将图 3.1(a)和图 3.1(b)进行对比可知，混凝土水泥水化在 90 min 和 1 d 时的奈奎斯特曲线形状类似，都是由浆体状态形成稳定固体形态的过程，无足够的固液界面，图中均未出现高频半圆，都是一条斜线。

图 3.2 为水灰比 0.5 的混凝土水泥水化 90 min 和 1 d 时的奈奎斯特曲线。从图中可以看到，斜线和横轴的交点有所增大，即水泥水化随时间的增加，准 Randles 曲线中混凝土孔隙溶液电阻 R_s 变大。根据 2.1.1 节的基本原理，混凝土水泥水化的孔隙溶液电阻与混凝土水泥浆体的总孔隙率和孔隙溶液中的离子总浓度均呈反比关系。因此，随着时间的增长，水泥浆体的总孔隙率减小，混凝土孔隙溶液电阻 R_s 增大，混凝土试样的密实度增加。

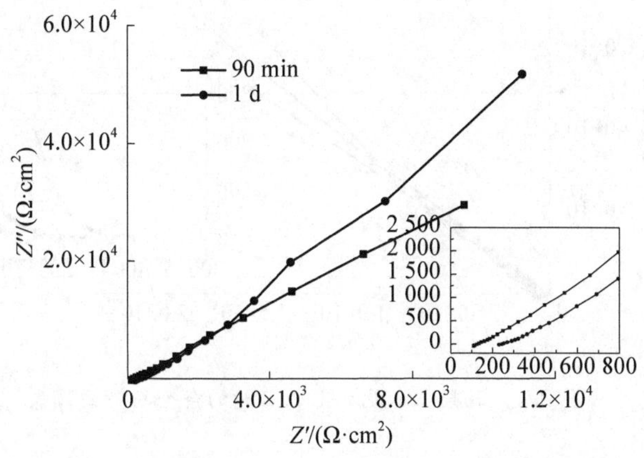

图 3.2 混凝土水泥水化 90 min 和 1 d 时的奈奎斯特曲线($w/c=0.5$)

图 3.3 给出了混凝土水泥水化 7 d 时的奈奎斯特曲线。从图中可以看出，高频区域表现为具有一定弧度的曲线，显现出了准兰德尔特性；随着混凝土水泥水化的不断进行，准 Randles 特性将会越来越明显，逐渐趋于一定曲率的圆弧。而在低频区域，可以看到随着龄期的不断增加，斜线逐渐转变为一条接近于 45°的直线。无论是高频区域还是低频区域，

交流阻抗谱的准 Randles 特性均开始出现。

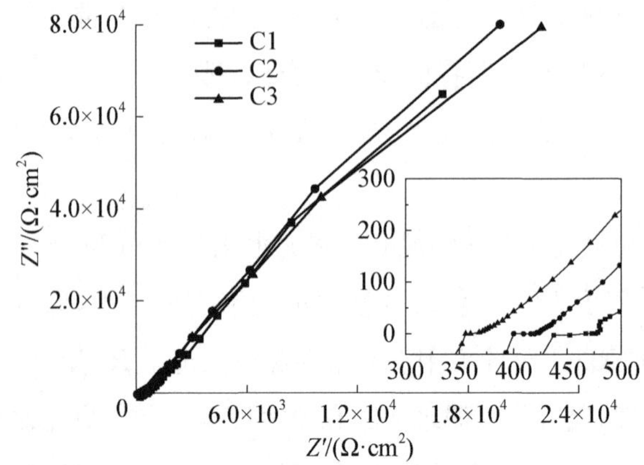

图 3.3　混凝土水泥水化 7 d 时的奈奎斯特曲线

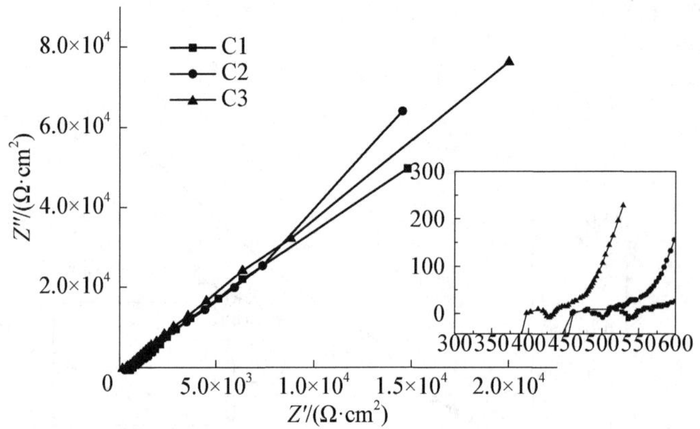

图 3.4　混凝土水泥水化 28 d 时的奈奎斯特曲线

图 3.4 给出了混凝土水泥水化 28 d 龄期时的奈奎斯特曲线。根据水泥的特性，混凝土水泥水化会在 28 d 龄期时进入到稳定阶段，即奈奎斯特曲线的形状基本不会再发生变化，交流阻抗谱基本保持准 Randle 型，不会发生位置的偏移，但等效电路的参数仍有所变化。原因是随着混凝土水泥水化时间的增加，其微观结构仍在改变，如连通孔隙逐步地向非连通孔隙转变，连通孔逐渐减少，混凝土的密实程度逐步增加，孔隙溶液中离子浓度也会相应增加。在曲线的高频区，与水化中期阶段相

比，曲线的弯曲程度更为明显，弧度变大。在曲线的低频区，则是一条更接近于45°的斜线。此时，等效电路中的双电层电容 C_d 需要用CPE(Q)替代，该值表明了混凝土水泥水化在28 d龄期阶段孔结构的复杂程度。将连通的毛细管网络在法拉第过程中的扩散阻抗 Z_w 用 Z_d 代替，交流阻抗参数分析时仍然可用扩散过程中的扩散阻抗系数 δ 表示 OH^- 的扩散特性，从而反映混凝土水泥水化产物中毛细结构的发展状况。

对混凝土水泥水化过程不同龄期的奈奎斯特曲线进行分析，根据曲线高频区域和低频区域曲线的形状将混凝土水泥水化过程划分为初期、中期和后期三个阶段。研究表明，在混凝土水泥水化7 d时，开始出现交流阻抗谱的高频曲线，随着龄期的增加，混凝土水泥水化进入到中期阶段，高频部分的曲线逐渐趋向圆弧，而低频部分的直线斜率逐渐趋于45°，准Randles特性越来越明显，随着水化过程的不断进行，水泥逐渐趋于固态，28 d以后水泥水化过程逐渐进入稳定期。

3.2.2 水泥水化过程的阻抗谱参数分析

由2.1节可知，利用准兰德尔型等效电路可以对水泥水化过程进行研究，等效电路如图2.2(b)所示。利用准Randles模型等效电路，分析电路中各参数的变化规律，包括孔隙溶液电解质电阻 R_s、电荷转移反应电阻 R_{ct}、C-S-H凝胶中双电层电容 C_d、混凝土水泥浆体常相角指数 q、扩散阻抗系数 δ、孔结构扩散过程中常相角指数 p。

1. 孔溶液电解质电阻 R_s

R_s 为混凝土水泥水化孔溶液电解质电阻。由之前所述，R_s 的大小与混凝土水泥浆体的总孔隙率和孔隙溶液中的离子总浓度均呈反比关系。表3.7给出了不同水灰比的混凝土水泥水化过程在不同龄期孔隙溶液中电阻 R_s 的变化，图3.5(a)显示出了变化曲线。

表 3.7 混凝土水泥水化的 R_s 值

龄期/d	$R_s/(\Omega \cdot cm^2)$		
	C1	C2	C3
1	2.98×10^4	2.45×10^4	2.25×10^4
3	3.22×10^4	3.53×10^4	3.02×10^4
7	3.89×10^4	3.33×10^4	3.83×10^4
10	3.67×10^4	3.03×10^4	3.91×10^4
14	4.00×10^4	3.18×10^4	3.06×10^4
22	3.98×10^4	3.32×10^4	3.26×10^4
28	4.91×10^4	4.18×10^4	3.45×10^4
36	5.06×10^4	4.49×10^4	3.88×10^4
45	5.20×10^4	4.72×10^4	4.20×10^4
60	5.96×10^4	5.13×10^4	4.87×10^4
90	7.89×10^4	5.99×10^4	5.38×10^4
120	8.15×10^4	7.87×10^4	7.51×10^4

可以看出三种水灰比的孔隙溶液电阻 R_s 的阻抗值变化规律相同。在水泥水化进行到 24～28 h 后，孔隙溶液中各种离子（OH^-、Na^+、K^+ 等）浓度基本相同。从图 3.5(a)可以看出，孔隙溶液电阻 R_s 随龄期的增加不断增大，因此对 R_s 变化起作用的两个因素中，起主导作用的是混凝土水泥水化过程的总孔隙率；由于孔隙溶液电阻 R_s 与总孔隙率呈反比关系，随着水化过程的进行，混凝土总孔隙率减小。

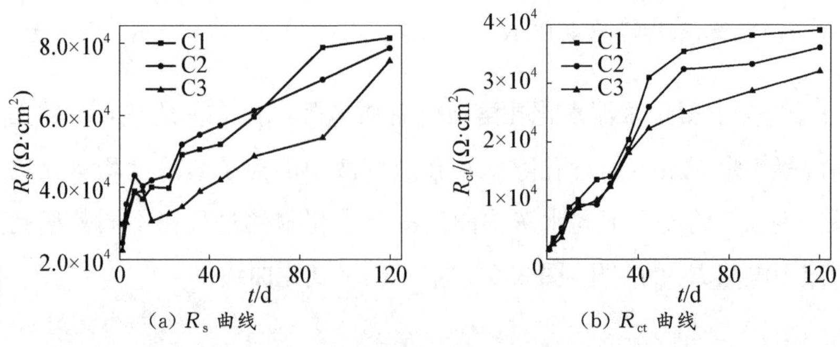

(a) R_s 曲线　(b) R_{ct} 曲线

图 3.5 混凝土水泥水化不同龄期的 R_s 和 R_{ct} 曲线

2. 电荷转移反应电阻 R_{ct}

R_{ct} 为水泥水化过程中电荷转移反应电阻。其与混凝土孔隙溶液中氢氧离子数量呈反比关系；与C-S-H凝胶中的水化电子数量也呈反比关系，所以可以通过 R_{ct} 的变化来表征孔隙溶液中氢氧离子数量和混凝土水泥水化的程度。同时，混凝土材料的孔隙结构(孔隙率与平均孔径)也影响 R_{ct} 的大小。所以，R_{ct} 的大小可以很好地反映混凝土水泥水化的程度和材料孔隙结构的变化。

表3.8给出了不同水灰比电荷转移反应电阻 R_{ct} 的值，图3.5(b)给出了混凝土水泥水化不同龄期电荷转移电阻 R_{ct} 的变化曲线。可以看出，随着混凝土水泥水化的不断进行，电荷转移反应电阻 R_{ct} 不断增加，说明水化过程中孔隙溶液中离子数量增加，孔隙变小，电子进行电荷转移的阻力增加，水泥变得更加致密。

表3.8 混凝土水泥水化的 R_{ct} 值

龄期/d	$R_{ct}/(\Omega\cdot cm^2)$		
	C1	C2	C3
1	1.79×10^3	1.69×10^3	1.69×10^3
3	3.57×10^3	2.86×10^3	2.53×10^3
7	4.68×10^3	4.39×10^3	3.66×10^3
10	8.81×10^3	3.03×10^3	7.28×10^3
14	1.01×10^4	9.38×10^3	8.64×10^3
22	1.35×10^4	9.29×10^3	9.98×10^3
28	1.41×10^4	1.29×10^4	1.23×10^4
36	2.04×10^4	1.89×10^4	1.82×10^4
45	3.10×10^4	2.61×10^4	2.23×10^4
60	3.54×10^4	3.24×10^4	2.51×10^4

（续表）

龄期/d	R_{ct}/(Ω·cm²)		
	C1	C2	C3
90	3.82×10^4	3.33×10^4	2.87×10^4
120	3.01×10^4	3.60×10^4	3.21×10^4

3. C-S-H凝胶中双电层电容

混凝土水化产物C-S-H凝胶中双电层电容用 C_d 表示。由2.1节可知，一般混凝土的电化学体系均可采用准Randles型等效电路描述，对于粗糙的电极表面，双电层电容 C_d 用常相角元件CPE(Q)取代，C_d 的表达式变为 $C_d=K(j\omega)^{-q}$。C-S-H凝胶是一种组分可变的无定型显著的物相，是一种介稳产物，通常采用反映混凝土孔结构的综合参数 K 与常相角指数 q 来表征双电层电容的特性。

图3.6(a)和表3.9给出了不同龄期、不同水灰比混凝土水泥水化的 K 值变化。可以看出，K 值的大小与硬化水泥浆体孔隙结构存在一定关系，是由混凝土材料的孔隙率、平均孔径以及孔隙溶液中离子浓度综合决定的。由于 K 值受以上各因素的综合影响，K 值的变化不大。从理论上来看，随着混凝土水泥水化过程的不断进行，混凝土总孔隙率减小，凝胶孔增多，毛细孔减少，平均孔径也减小，水泥变得更为致密，K 值会

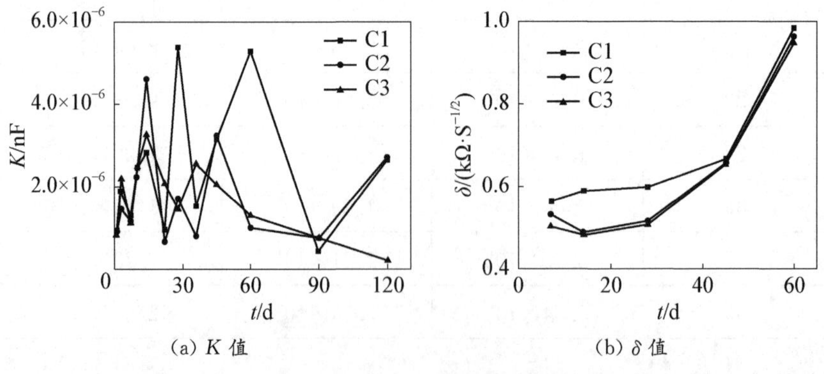

(a) K 值　　(b) δ 值

图3.6　水泥水化不同龄期的 K 值和 δ 值

不断减小。但是,随着水泥水化的不断进行,孔隙溶液中离子的总浓度会增加,K 值会增大,最终使得 K 值没有显著的变化,从而 C-S-H 凝胶的电化学性质比较稳定。由图 3.6(a)和表 3.9 可以看出,C-S-H 凝胶中双电层电容的大小由多种因素综合决定,并不随着水灰比的变化而发生显著改变,而各单一因素的影响比较复杂,还需要做进一步的研究。

表 3.9 混凝土水泥水化的常相角元件 K 值

龄期/d	K/nF		
	C1	C2	C3
1	9.52×10^{-7}	9.17×10^{-7}	8.07×10^{-7}
3	1.91×10^{-6}	1.47×10^{-6}	2.19×10^{-6}
7	1.29×10^{-6}	1.15×10^{-6}	1.13×10^{-6}
10	2.47×10^{-6}	2.22×10^{-6}	2.50×10^{-6}
14	2.85×10^{-6}	3.59×10^{-6}	3.25×10^{-6}
22	9.64×10^{-7}	5.62×10^{-7}	2.06×10^{-6}
28	4.38×10^{-6}	1.70×10^{-6}	1.45×10^{-6}
36	1.53×10^{-6}	8.05×10^{-7}	2.55×10^{-6}
45	3.15×10^{-6}	3.25×10^{-6}	2.06×10^{-6}
60	4.30×10^{-6}	1.00×10^{-6}	1.30×10^{-6}
90	3.26×10^{-7}	7.45×10^{-7}	7.64×10^{-7}
120	2.66×10^{-6}	2.69×10^{-6}	1.95×10^{-7}

表 3.10 给出了不同龄期、混凝土水泥水化过程中水泥浆体表面的常相角指数 q 和分形维数 d_s。由文献[33—34]中建立的常相角指数 q 与混凝土中水泥浆体表面的联系可知,分形维数 d_s 为 $3-q$,可以用它来表征水泥浆体表面的性质,d_s 值越小表明其几何形状越趋近于无孔、光滑、不粗糙的理想图形,也说明水泥浆体结构越密实、表面越光滑。从表

3.10 可以看出，随着混凝土水泥水化龄期的不断增加，q 值变大、d_s 值变小；同一龄期不同水灰比混凝土的水泥水化过程中，q 值随着水灰比增加而减小，d_s 值随着水灰比增加而增大；同时，水泥浆体孔隙率越小，结构更为密实。

表 3.10　混凝土水泥水化 C-S-H 凝胶的常相角指数 q 和分形维数 d_s

龄期/d	C1		C2		C3	
	q	d_s	q	d_s	q	d_s
7	0.83	2.17	0.81	2.19	0.80	2.20
14	0.86	2.14	0.85	2.15	0.84	2.16
28	0.93	2.07	0.90	2.10	0.89	2.11
45	0.95	2.05	0.93	2.07	0.91	2.09
60	0.95	2.05	0.94	2.06	0.93	2.07

4. 扩散阻抗 Z_d

Z_d 为混凝土水泥水化过程的扩散阻抗。由图 2.2(a)可知，Randles 型等效电路中瓦博格阻抗 Z_w 的表达式为 $Z_w=\delta(j\omega)^{-1/2}$，其中 δ 为扩散阻抗系数；图 2.2(b)为用常相角元件 CPE(Q)代替双电层电容 C_d 后的准 Randles 型等效电路。由于混凝土水泥中孔隙结构的复杂性，扩散过程中瓦博格阻抗 Z_w 发生变化，因此改用 Z_d 表示，Z_d 的表达式为 $Z_d=Q(j\omega)^{-p}(0<p<1)$，其中 Q 为常数，与瓦博格阻抗 Z_w 中的 δ 含义相同，仍采用 δ 表示混凝土水泥水化过程中扩散阻抗系数。p 为常相角指数，可以通过奈奎斯特图中低频直线与横轴的夹角除以 $\pi/2$ 计算得到，反映了直线与横轴的夹角偏离 45°的程度。由图 3.6(b)和表 3.11 中混凝土水泥水化过程扩散阻抗系数 δ 值的变化，可以看出，随着水灰比的增加，扩散阻抗系数 δ 逐渐减小，说明扩散变得容易，结构变得疏松；而同一水灰比混凝土水泥水化扩散阻抗系数 δ 随着水泥水化龄期的增加

而增大，表明混凝土中水泥浆体的孔隙率持续减小，混凝土致密程度逐渐增加，水泥浆体孔隙溶液中的离子在多孔介质中的扩散阻力也逐渐增大。

表 3.11 混凝土水泥水化的扩散阻抗系数 δ

龄期/d	$\delta/(\mathrm{k\Omega \cdot S^{-1/2}})$		
	C1	C2	C3
7	0.565	0.532	0.502
14	0.589	0.489	0.481
28	0.598	0.515	0.507
45	0.665	0.655	0.652
60	0.985	0.961	0.947

混凝土内部结构的复杂程度和密实程度可用混凝土孔隙结构的分形维数 d 表示(其孔隙结构的空间大小也可用 $4-p$ 表示)。表 3.12 给出了混凝土孔结构的分形维数 d 和常相角指数 p。从表中可以看出，常相角指数 p 随着混凝土水泥水化龄期的增加不断增大，分形维数 d 随着龄期的增加不断减小，表明混凝土孔隙结构越来越趋近致密的三维体系，孔隙溶液中离子的扩散变得越来越困难。三种不同水灰比混凝土的 p 值在 28 d 龄期时最大，并且全部数值均大于 3/4。在混凝土水泥水化 28 d 后，三种不同水灰比混凝土孔结构的 p 值均变小。

表 3.12 混凝土水泥水化扩散过程的常相角指数 p 和分形维数 d

龄期/d	C1		C2		C3	
	p	d	p	d	p	d
7	0.85	3.15	0.84	3.16	0.83	3.17
14	0.86	3.14	0.85	3.15	0.84	3.16

（续表）

龄期/d	C1		C2		C3	
	p	d	p	d	p	d
28	0.87	3.13	0.86	3.14	0.86	3.14
45	0.83	3.17	0.83	3.17	0.78	3.22
60	0.84	3.16	0.84	3.16	0.82	3.18

5. 相同龄期混凝土电化学参数的分析

同一龄期不同水灰比混凝土孔溶液电解质电阻 R_s 如图 3.7(a)所示。可以看出，随着水灰比的增加，孔溶液电解质电阻 R_s 呈现变小的趋势，并且从水化的开始阶段就具有相同的规律。此外，随着龄期的增加，相同水灰比混凝土水泥水化孔溶液电解质电阻 R_s 不断增大。

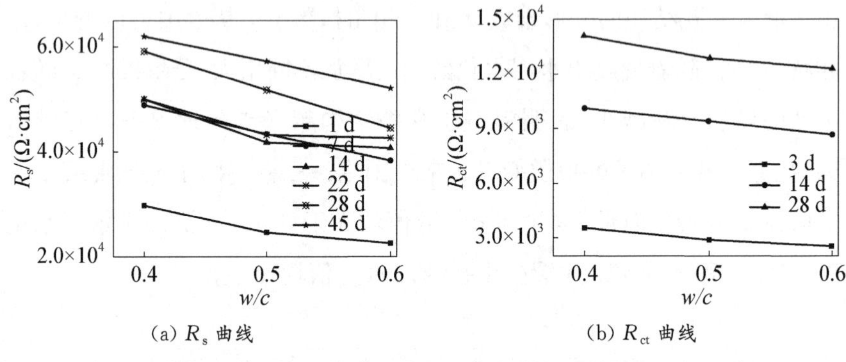

(a) R_s 曲线 (b) R_{ct} 曲线

图 3.7 相同龄期不同水灰比混凝土的 R_s 和 R_{ct} 曲线

图 3.7(b)给出了相同龄期不同水灰比混凝土水泥水化过程中的电荷转移反应电阻 R_{ct} 的曲线。可以看出，电荷转移反应电阻 R_{ct} 和孔溶液电解质电阻 R_s 具有相似的变化规律，即随着水灰比的增加电荷转移反应电阻 R_{ct} 不断减小。同样，在水化的开始阶段也表现出与孔隙溶液电解质电阻 R_s 相同的变化规律。

3.3 粉煤灰混凝土水泥水化的交流阻抗分析

3.3.1 水泥水化交流阻抗等效电路

在现代化热电厂煤粉的燃烧过程中，当煤通过炉膛的高温区时，挥发性物质和炭会被烧掉，而大部分的矿物杂质如黏土、石英等则会在高温条件下熔融，当这些熔融物质被快速送到低温区时会冷却成为球状颗粒。粉煤灰是从煤燃烧后的烟气中捕集下来的细灰，是一种细小的颗粒状工业废弃物质。粉煤灰的主要化学组成为 SiO_2、Al_2O_3、FeO 和 CaO 等[181-185]。粉煤灰产量巨大且污染环境，如何利用好粉煤灰有着重大意义。在许多国家，随着水泥行业的快速发展，掺和粉煤灰等矿物质以提升水泥性能得到广泛应用，包括粉煤灰在内的燃烧产生的副产品中 90% 的物质得到了重复利用。提高粉煤灰的利用率还存在很大的空间，合理利用粉煤灰能够对周围环境起到一定的净化作用。同时，在建筑材料中应用粉煤灰替代部分水泥，可以使水泥达到最佳的性能。因此，研究粉煤灰混凝土水泥水化过程有着重要意义。

图 3.8 所示为电子学中的 π 型 RC 电路。粉煤灰混凝土的微观等效电路(图 3.9 中等效电路的右侧部分)可用 π 型 RC 电路模拟，电路参数的对应关系如表 3.13 所示。据此建立的粉煤灰混凝土水泥水化过程的交流阻抗等效电路如图 3.9 所示。等效电路由右侧 $R_2+Q_2 /\!/ (R_1+Q_1)$ 和左侧 $Q_3 /\!/ (R_{ct}+Z_w)$ 两部分电路组成，其中 $Q_3 /\!/ (R_{ct}+Z_w)$ 为水泥与电极之间的扩散等效电路，而 $R_2+Q_2 /\!/ (R_1+Q_1)$ 为研究混凝土水泥水化过程的微观电路。电路总阻抗 Z 的表达式如式(3.2)所示。

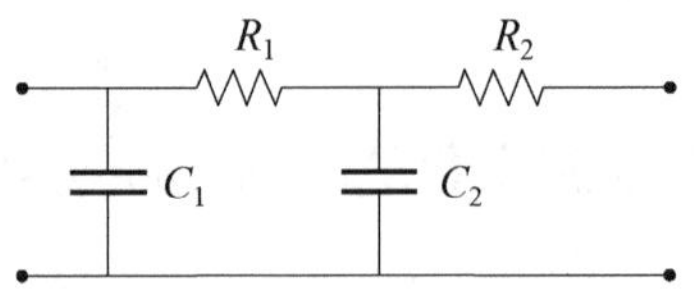

图 3.8 典型的 π 型 RC 电路

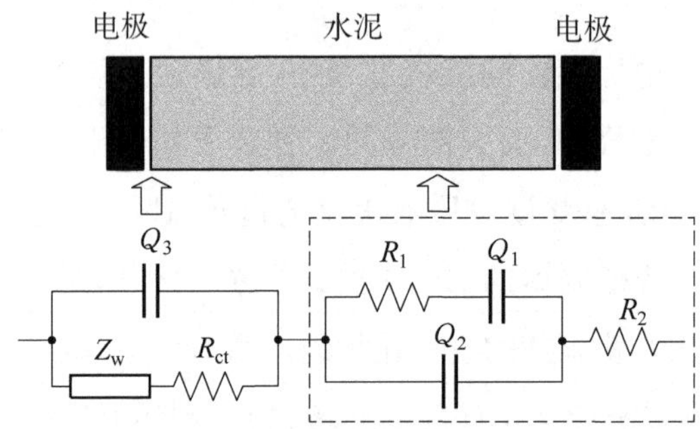

图 3.9 粉煤灰混凝土水泥水化交流阻抗等效电路

表 3.13 粉煤灰混凝土微观电路与 π 型 RC 电路的参数特点

电路参数	π 型电路	粉煤灰混凝土微观电路
R_1	R_1 上有直流电压，R_1 的值不能太大，否则压降大，输出电压过低	R_1 代表粉煤灰混凝土基体孔结构连通电阻，占基体电阻的比重较小，阻值相对小
$C_1(Q_1)$	C_1 容量不能太大，若 C_1 过大则充电时间过长	Q_1 代表粉煤灰混凝土基体连通孔电容，容量小，占基体电容的比重较小，在电路中适合与电阻串联
R_2	R_2 的值尽量大，输出电压大	R_2 代表粉煤灰混凝土基体非连通孔电阻，阻值相对较大，占比基体电阻的比重较大
$C_2(Q_2)$	C_2 的值尽量大，可提高滤波效果，对交流成分衰减量大	Q_2 代表粉煤灰混凝土基体连通电容，容量大，占基体电容的比重较大，在电路中适合与其他元件并联

$$Z_{总}=Z_{扩散电路}+Z_{微观电路} \tag{3.2}$$

其中，扩散电路和微观电路的表达式如式(3.3)和式(3.4)所示。

$$\begin{aligned} Z_{扩散电路} &= \frac{1}{1/(R_{ct}+Z_w)+1/Z_{Q3}} \\ &= \frac{Z_{Q3}(R_{ct}+Z_w)}{R_{ct}+Z_w+Z_{Q3}} \end{aligned} \tag{3.3}$$

$$\begin{aligned} Z_{微观电路} &= R_2+\frac{1}{(Z_{Q1}+R_1)^{-1}+(Z_{Q2})^{-1}} \\ &= \frac{(R_1+Z_{Q1}+Z_{Q2})R_2+(Z_{Q1}+R_1)Z_{Q2}}{R_1+Z_{Q1}+Z_{Q2}} \end{aligned} \tag{3.4}$$

由于本章重点研究混凝土水泥水化过程中各阶段的电化学特性，因此重点分析微观电路 $R_2+Q_2 // (R_1+Q_1)$ 部分。R_1 称为基体电阻，表征连通孔电阻，R_2 表征非连通路径的非连通孔电阻，由于水泥基体中空间电荷分布的不均匀性会出现极化现象，进而导致电容存在弛豫时间扩散引起的弥散效应[36-37]。因此，电路中理想的电容用常相角元件 Q 代替，即 Q_1 指连通路径的常相角元件，Q_2 指非连通路径的常相角元件。电路中的每一个常相角元件均对应着不同的弥散指数 n，其中 $0<n\leqslant 1$，如果 $n=1$，则表明常相角元件 Q 为理想电容 C，而 n 的取值越小，即说明电容的弥散效应越严重。

3.3.2 水泥水化等效电路与准 Randles 型电路拟合

从 3.2.1 节图 3.4 的奈奎斯特曲线可知，混凝土水泥水化过程分为初期、中期与水化三个阶段。由于水化初期 1～2 d 时混凝土没有形成稳定的固液界面，其奈奎斯特曲线接近于一条直线，无明显的高频特性。为此，选取混凝土水泥水化龄期为 3 d(水化早期出现高频特性)与 28 d(进入水泥水化稳定期)的实测曲线进行拟合和对比分析。对粉煤灰混凝土水泥水化过程的交流阻抗采用图 3.9 的等效电路进行拟合，图 3.10

和图 3.11 分别给出了 3 d 与 28 d 不同粉煤灰掺量混凝土水泥水化阻抗曲线。从图 3.10 和图 3.11 可以看出，无论图中的低频区域还是高频区域，采用图 3.9 的等效电路拟合的掺粉煤灰混凝土水泥水化过程的奈奎斯特曲线与试验结果具有很好的一致性，说明可用图 3.9 的等效电路描述粉煤灰混凝土水泥水化过程。

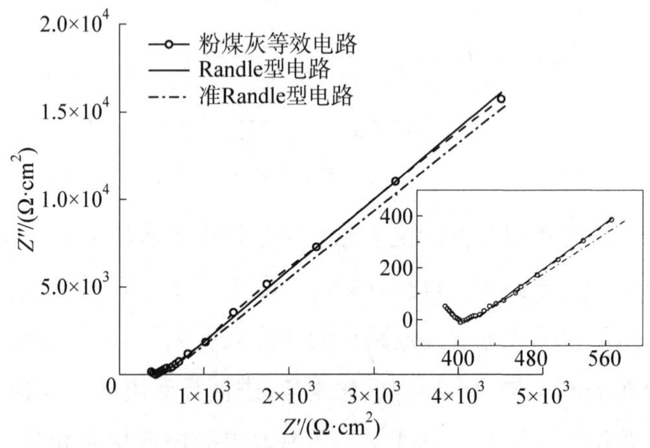

(a) 3 d 龄期，粉煤灰掺量 10%(质量分数)

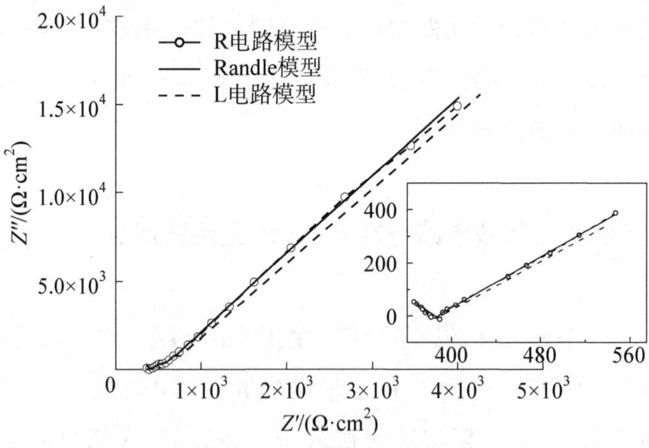

(b) 3 d 龄期，粉煤灰掺量 20%(质量分数)

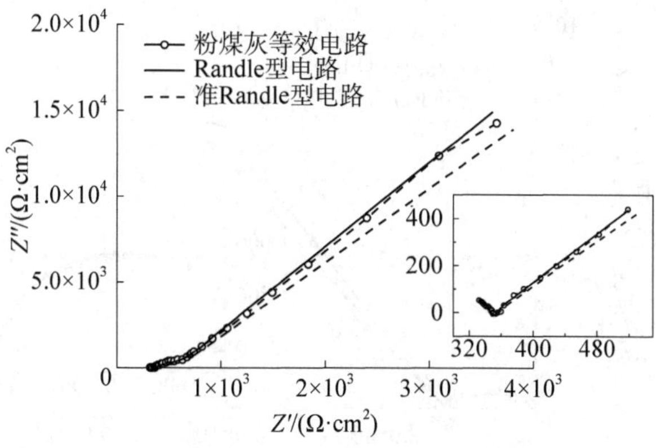

(c) 3 d 龄期，粉煤灰掺量 30%(质量分数)

图 3.10 粉煤灰混凝土水泥水化 3 d 时的奈奎斯特曲线

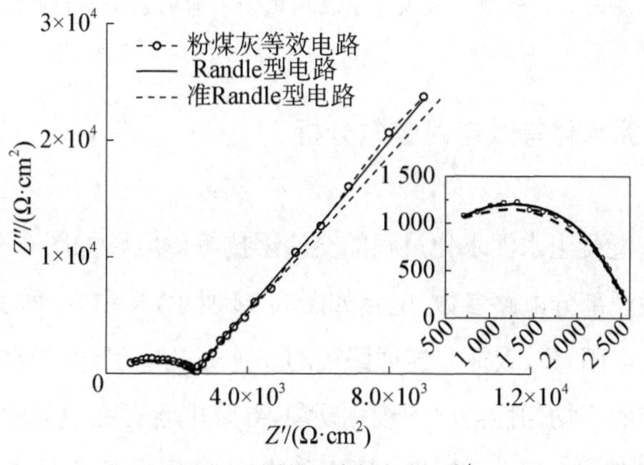

(a) 28 d 龄期，粉煤灰掺量 10%

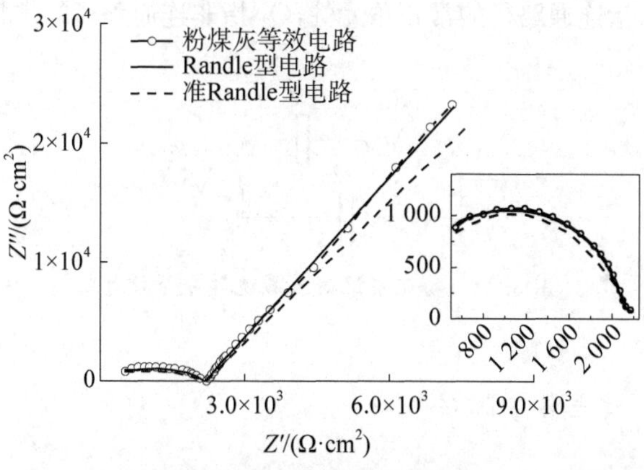

(b) 28 d 龄期，粉煤灰掺量 20%

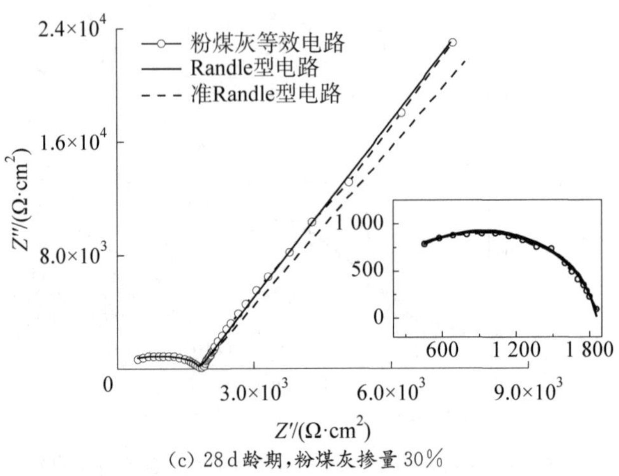

(c) 28 d 龄期，粉煤灰掺量 30%

图 3.11　粉煤灰混凝土水泥水化 28 d 时的奈奎斯特曲线

3.3.3　水泥水化等效电路参数分析

粉煤灰混凝土水泥水化过程的交流阻抗等效电路如图 3.9 所示，下面重点分析微观部分电路参数，电路如图 3.12 所示，其中 R_1 称为基体电阻，表征连通孔电阻，R_2 表征非连通路径的非连通孔电阻，由于水泥基体中空间电荷分布的不均匀性会出现极化现象，导致电容存在弛豫时间扩散引起的弥散效应[36-37]。因此，电路中理想的电容 C 用常相角元件(CPE/Q)代替，其中 Q_1 指连通路径的常相角元件，Q_2 指非连通路径的常相角元件。

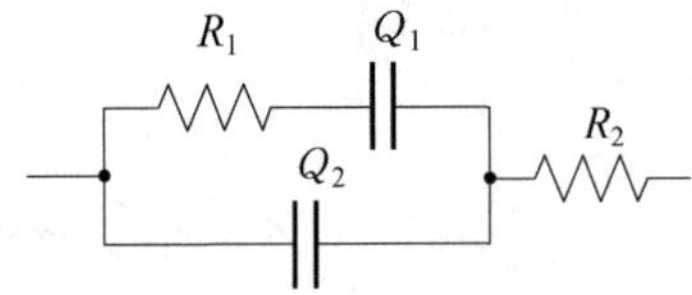

图 3.12　粉煤灰混凝土微观部分等效电路

1. 混凝土基体电阻 R_1

粉煤灰混凝土水泥水化过程的等效电路参数 R_1 为基体电阻，也是混凝土水泥水化过程的连通孔电阻。图 3.13 和表 3.14 给出了不同粉煤灰掺量的混凝土基体电阻 R_1 的变化。可以看出，随着龄期的不断增加，基体电阻 R_1 不断增大，水化过程中连通路径不断减少，即连通路径随着混凝土水泥水化过程的进行陆续转变为非连通路径，整个硬化水泥浆体密实度不断提升。同样可以用水化的三个阶段来描述粉煤灰混凝土的水泥水化过程。在水化初期阶段，粉煤灰不参加水化反应。由于在水泥熟料中掺加了粉煤灰，造成体系中水泥熟料矿物质比例减小，控制混凝土水泥水化速度的有效水灰比相应增大，使得水泥-粉煤灰体系的水化速度减慢。同时，对于水复合胶凝体系，一部分水填充了胶凝材料颗粒之间的间隙，这部分水称为填充水；另外一部分水会包裹吸附于粉煤灰与水泥颗粒的外表面，这部分水称为表面水。靠近胶凝材料颗粒层面上的部分表面水不能自由移动，称作表面吸附水；颗粒层面外层的水可以自由流动，称为表面自由水。由于粉煤灰的比表面积远大于水泥的比表面积，粉煤灰表面的吸附水不能参与早期水泥熟料水化反应。而粉煤灰因比表面积大会吸附更多的水，以致随着粉煤灰掺量的增加，吸附在粉煤灰表面的水更多，用于进行水化反应的水相应减少，从而降低了早期水化反应的速度。同时，未反应的粉煤灰会使水泥水化过程生成的产物之间连接得不够紧密，造成水泥水化过程连通路径增多。从图 3.13 可以看出，相较于普通混凝土，粉煤灰含量越多的粉煤灰混凝土，基体电阻 R_1 越小。在水化中期，部分粉煤灰参与反应，而不参与反应的粉煤灰

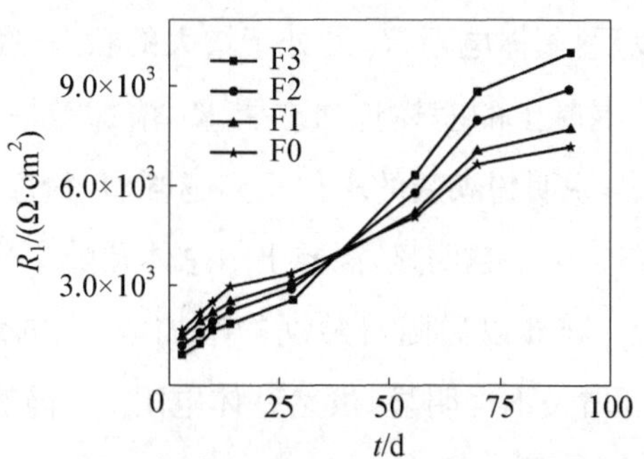

图 3.13 粉煤灰混凝土水泥水化基体电阻 R_1 的曲线

与水化早期作用相同。从图 3.13 中还可看出，在混凝土水泥水化的早期与中期阶段，相同龄期时，粉煤灰掺量越大，混凝土水泥水化基体电阻 R_1 的增长率越低，表明混凝土水泥水化速率随粉煤灰掺量的增大而减慢，粉煤灰含量的增加使水泥水化产物之间的不紧密性增强，基体电阻 R_1 减小。

表 3.14 粉煤灰混凝土水泥水化基体电阻 R_1 的值

龄期/d	$R_1/(\Omega\cdot cm^2)$			
	F0	F1	F2	F3
3	1617.22	1463.63	1192.32	912.32
7	2171.89	1864.56	1599.96	1270.66
10	2528.03	2189.43	1925.83	1643.23
14	2920.78	2485.91	2271.5	1860.12
28	3328.45	3004.54	2894.84	2584.41
56	5053.97	5210.47	5780.22	6284.39
70	6659.92	7035.89	7981.13	8822.71
91	7159.32	7735.67	8881.67	10022.24

水化后期，由于粉煤灰发生二次水化反应，以及粉煤灰颗粒的填充效应和微集料效应发挥作用，连通路径开始逐渐被阻塞，硬化的水泥浆体整体结构趋于致密，水泥基体电阻逐渐增大。从图 3.13 可以看出，在水化龄期 28 d 以后，基体电阻 R_1 均处于增大的状态；在 28～56 d 阶段，粉煤灰掺量 10%混凝土的基体连通电阻 R_1 增加最快。基体连通电阻 R_1 增长速率越快，说明粉煤灰的水化反应越剧烈，粉煤灰颗粒的填充效应越明显，连通路径阻塞越明显，混凝土中总体孔隙率降低，硬化水泥浆体结构更为致密。56 d 以后随着龄期的增加，水泥的结构状态趋于稳定，水化反应速度增长不再明显，虽然基体电阻 R_1 仍然处于增加状态，但是没有 28～56 d 阶段增长快。

2. 基体连通孔常相角元件 Q_1

1) 常相角元件 Q_1 的电容值 c_1

水泥基材料中固相阻抗的大小用电容值 c_1 来表征，混凝土水泥水化产物、未进行水化反应的水泥、粉煤灰颗粒和颗粒分布以及这些因素之间的界面，共同决定了固相阻抗的大小。基体连通常相角元件的电容值 c_1 随龄期变化的情况如图 3.14(a)和表 3.15 所示，c_1 值整体分布在 0.11～15.8 nF 之间。可以看到，无论是否掺和粉煤灰，混凝土水泥水化过程的 c_1 值均随时间逐渐降低，而且在龄期 28 d 时降低较为明显。在 28～91 d 的龄期范围内，粉煤灰掺量 30%(质量分数)混凝土的 c_1 值降低最多；在 56～91 d 的龄期范围内，粉煤灰掺量为 0、10%、20%和 30%(质量分数)混凝土的 c_1 值均逐渐趋于稳定值。

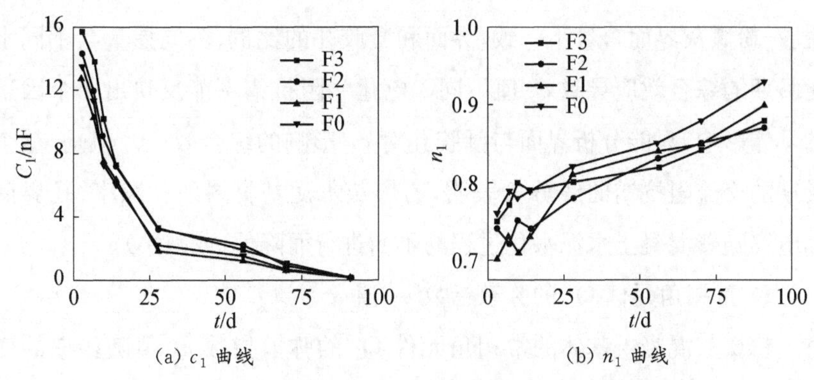

(a) c_1 曲线　　(b) n_1 曲线

图 3.14 粉煤灰混凝土水泥水化的 c_1 和 n_1 曲线

表 3.15 粉煤灰混凝土水泥水化 c_1 的值

龄期/d	c_1/nF			
	F0	F1	F2	F3
3	13.5	12.7	14.3	15.8
7	11.3	10.3	11.9	13.9
10	7.2	7.5	9.1	10.2

（续表）

龄期/d	c_1/nF			
	F0	F1	F2	F3
14	5.1	5.4	7.2	7.3
28	2.2	1.8	3.2	3.3
56	1.5	1.2	2.2	1.9
70	0.7	0.6	0.9	1.1
91	0.11	0.12	0.17	0.11

随着混凝土水泥水化过程的不断进行，水化产物C-S-H凝胶逐渐增多，水泥颗粒和粉煤灰颗粒减少，界面变少，整个硬化浆体更为密实，孔隙率降低。由于粉煤灰掺量的不同，导致未水化的水泥、C-S-H凝胶和粉煤灰颗粒的比例不同，使整个结构中固相凝胶孔及凝胶-水泥与凝胶-粉煤灰界面含量不一致，界面和凝胶孔的比例、不同掺量与不同水化龄期的综合效应导致 c_1 值不同。电化学阻抗谱不能反映出单个因素的具体影响，只能分析界面与凝胶孔对 c_1 影响的综合效应。但是，整个龄期的交流阻抗谱曲线分析表明，粉煤灰水泥基材料的孔隙率、孔界面和电容随着混凝土水泥水化过程的不断进行而降低（或减小）。

2）常相角元件 Q_1 的弥散指数 n_1 值

粉煤灰混凝土基体的常相角元件 Q_1 的弥散指数 n_1 值随龄期的变化如图 3.14(b)和表 3.16 所示。从表 3.16 中可以看到，n_1 值在 0.70～0.93 之间变化，均小于 1。粉煤灰混凝土基体的弥散指数 n_1 普遍小于普通混凝土基体的弥散指数 n_1，原因是粉煤灰的掺入增大了混凝土的不均匀性。从图 3.14(b)可以看出，在水泥水化龄期 14～91 d 的阶段，随着时间的增加，常相角元件 Q_1 弥散指数 n_1 的值不断增大，并且越来越接近 1，这是因为随着混凝土水泥水化过程的不断进行，基体内部孔结构更加细化，孔径范围逐渐减小，弛豫时间降低。在混凝土水泥水化 28 d 后，纯水泥基的 n_1 值均大于掺粉煤灰的水泥基体，而其他掺粉煤灰水泥基

体的 n_1 值增长速率接近，这是由水胶比、水泥种类、水化时间、矿物掺和料以及微观结构等因素共同导致的。掺粉煤灰水泥基体的 n_1 值与纯水泥基体的值相比有所减小，这是因为掺粉煤灰的水泥基体弛豫时间分布范围比纯水泥基体大，孔径分布也比纯水泥基体广泛，粉煤灰颗粒的填充效应使得孔隙结构更加分散。

表 3.16 粉煤灰混凝土水泥水化弥散指数 n_1 的值

龄期/d	n_1			
	F0	F1	F2	F3
3	0.76	0.70	0.74	0.75
7	0.79	0.73	0.72	0.77
10	0.78	0.71	0.75	0.80
14	0.79	0.73	0.74	0.79
28	0.82	0.81	0.78	0.80
56	0.85	0.84	0.83	0.82
70	0.88	0.85	0.85	0.84
91	0.93	0.90	0.87	0.88

3）基体非连通孔电阻 R_2

R_2 为粉煤灰混凝土水泥水化过程的非连通孔电阻，表 3.17 和图 3.15 给出了不同粉煤灰掺量混凝土水泥水化过程中非连通孔电阻 R_2 的变化。由表 3.17 和图 3.15 可以看出，随着龄期的不断增加，粉煤灰掺量 0、10%、20%和 30%混凝土的非连通孔电阻 R_2 均增大，这是由于水化产物随着混凝土水泥水化的不断进行而不断积累，逐渐阻塞连通路径而转变为非连通路径的缘故。水化产物的积累也会导致原来阻塞的孔壁厚度继续累加，毛细孔变得更为曲折，整体结构的孔隙率降至更低。同时，大毛细孔体积对渗透性的影响也降低，且随着水化过程的不断进行，孔隙溶液中的 Ca^{2+}、OH^- 等离子被消耗而逐渐减少。另外，C-S-

H水化产物等对孔隙溶液中的离子有吸附作用，使孔隙溶液中离子浓度减小，孔隙溶液的电阻率增大，从而使非连通孔电阻 R_2 增大。

表3.17 粉煤灰混凝土基体非连通孔电阻 R_2 的值

龄期/d	$R_2/(\Omega\cdot cm^2)$			
	F0	F1	F2	F3
3	13 912.32	12 242.92	11 003.43	9 124.56
7	16 270.66	14 098.56	12 613.67	10 567.86
10	19 643.23	16 787.76	15 535.32	12 378.45
14	22 260.45	18 839.28	17 213.89	13 842.35
28	26 584.54	24 783.33	23 478.49	21 923.67
56	31 284.79	26 933.58	27 732.12	29 843.56
70	35 822.81	36 432.29	37 511.54	38 847.96
91	38 022.13	39 193.25	41 207.57	43 693.39

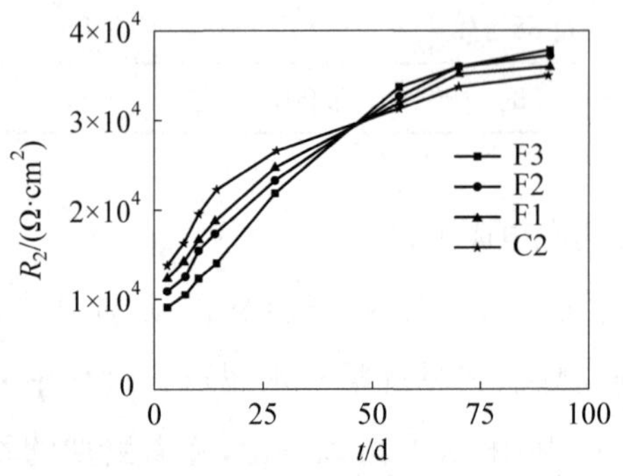

图3.15 粉煤灰混凝土基体非连通孔电阻 R_2 的曲线

水泥水化过程可以分为两个阶段，第一阶段为28 d之前的水泥水化前期和中期，第二阶段为28 d之后的水泥水化后期阶段。在第一阶段，由于粉煤灰在水泥水化早期不参与反应，水泥熟料中掺和一定比例的粉煤灰可使有效水灰比间接增大，导致水泥熟料矿物质在整个体系中的比例减小，降低了水泥-粉煤灰整体的水化速度。同时因为粉煤灰比表面积大，随着粉煤灰掺量的增加，吸附在粉煤灰表面的水将会增多，用于水化反应的水减少，从而降低了早期水化的速度。从图 3.15 也可以看出，在 28 d 龄期之前，随着粉煤灰掺量的增加，基体中非连通孔电阻 R_2 逐渐降低，这说明粉煤灰在水泥水化前期与中期不参与水化反应，从而导致水化产物之间连接不够紧密，孔隙变大，连通路径增多。从图 3.15 还可看出，28～56 d 龄期时粉煤灰掺量为 30%混凝土基体的非连通孔电阻 R_2 增长速度最快；随着粉煤灰掺量的增大，基体中非连通孔电阻 R_2 增大。分析其主要原因是 28 d 后，粉煤灰水化反应剧烈，而粉煤灰的颗粒半径远小于水泥颗粒半径，充分发挥了颗粒的填充效应和微基料效应，使连通路径不断被阻塞，整体结构孔隙率减小。在 56 d 龄期之后，由于水泥结构趋于稳定，因此水化反应速度增长不再明显，虽然基体中非连通孔电阻 R_2 仍处于增加状态，但是整体变化趋势比较平缓。

3. 基体非连通孔常相角元件 Q_2

1）常相角元件 Q_2 的电容值 c_2

非连通孔常相角元件 Q_2 的电容值 c_2 的变化如图 3.16(a)和表 3.18 所示，该值表征了混凝土孔隙壁的双电层电容 c_2 值在 0.33～8.53 nF 之间变化。从图 3.16(a)可以看出，掺量为 0、10%、20%和 30%粉煤灰混凝土的 c_2 值随龄期增加均出现先增后减的变化趋势，龄期 28 d 之前均较小，最大为 4.12 nF，56 和 70 d 附近下降。粉煤灰掺量 10%混凝土的 c_2 值在龄期 56 d 时电容出现下降；粉煤灰掺量为 20%和 30%混凝土的电容值在龄期 70 d 时出现下降，普通混凝土的电容在龄期 28 d 后变化幅度较小，而在龄期 91 d 时降至最低。在水化早期，混凝土孔隙溶液中离子数量随水化过程的进行逐渐增加，最初充满溶液的孔隙被水化产物填满，导致孔径变小，非连通孔内节点处的水化产物厚度逐渐增加。根据平行板电容器原理，相应的电容增大。当水泥水化进行到一定程度时，水化消耗了大量离子，并且水化产物 C-S-H 凝胶对孔隙中离子也有吸附效应，孔隙溶液中离子数量的影响开始显现，导致离子数量和电容减小。另外，粉煤灰的主要组成成分 SiO_2 等会与水泥中的氢氧根离子发生反应，即离子消耗会随着粉煤灰掺量的增加而加速。因此，不同粉煤灰掺量混凝土水泥水化过程的非连通孔常相角电容降低的转折点不同。

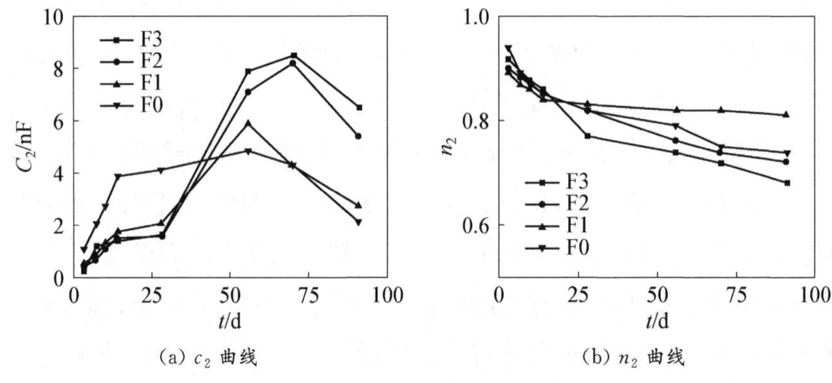

(a) c_2 曲线　　(b) n_2 曲线

图 3.16　粉煤灰混凝土水泥水化的 c_2 和 n_2 曲线

表 3.18　粉煤灰混凝土水泥水化 c_2 的值

龄期/d	c_2/nF			
	F0	F1	F2	F3
3	1.13	0.67	0.42	0.33
7	2.14	0.98	0.73	1.25
10	2.85	1.41	1.15	1.32
14	3.97	1.83	1.57	1.43
28	4.12	2.15	1.68	1.74
56	4.98	4.97	7.14	7.96
70	3.35	3.32	8.22	8.53
91	2.16	2.71	4.43	5.52

2）非连通孔常相角元件 Q_2 的弥散指数 n_2 值

非连通孔常相角元件 Q_2 的弥散指数 n_2 变化如图 3.16(b)和表 3.19 所示。从图 3.16(b)中可以看出，随着混凝土龄期的增加，粉煤灰掺量为 0、10%、20%和 30%混凝土的弥散指数 n_2 均逐渐减小，其值在 0.68～0.94 之间变化，这是由于随着水化过程的进行孔隙结构陆续被水化产物填充，导致孔隙界面变得粗糙，因此非连通孔常相角元件 Q_2 的弥散指数越来越小，越来越偏离理想电容[52]。

表 3.19 粉煤灰混凝土水泥水化的弥散指数 n_2 的值

龄期/d	n_2			
	F0	F1	F2	F3
3	0.94	0.89	0.90	0.92
7	0.89	0.87	0.88	0.89
10	0.87	0.86	0.87	0.88
14	0.85	0.84	0.85	0.86
28	0.82	0.83	0.82	0.77
56	0.79	0.82	0.76	0.74
70	0.75	0.82	0.74	0.72
91	0.74	0.81	0.72	0.68

在混凝土 28 d 龄期之前，混凝土水泥水化速度随着粉煤灰掺量的增加而降低，相对孔隙率增大，非连通孔常相角 Q_2 的指数 n_2 增大。在 28 d 龄期之后，随着粉煤灰反应变得明显，孔隙粗糙程度变得严重，粉煤灰的火山灰效应愈加明显，火山灰效应随着粉煤灰掺量的增加而增强，导致孔结构更为致密，非连通孔常相角 Q_2 的弥散指数 n_2 降低。

3.3.4 混凝土抗压强度与连通孔电阻分析

表 3.20 给出了不同粉煤灰掺量混凝土 3～28 d 龄期的抗压强度。从表 3.20 中可以看出，在同一龄期下（28 d 之前），随着粉煤灰掺量的增加，混凝土的抗压强度均逐渐减小。这是由于在水化早期，粉煤灰不参

与水化反应，当使用粉煤灰替代部分水泥后，有效水灰比间接增大，继而导致水泥熟料矿物质在整个体系中的比例相应减小，而控制混凝土水泥水化速度的有效水灰比相应增大，孔隙溶液中 Ca^{2+} 浓度降低。混凝土中掺加粉煤灰还导致反应生成的水化产物颗粒之间连接不够紧密，从而使 28 d 龄期之前的抗压强度降低。随着龄期增加，粉煤灰混凝土的抗压强度提高，这是因为随着水化反应的进行，整体结构孔隙率降低的缘故。

表 3.20　不同龄期粉煤灰混凝土的抗压强度(MPa)

粉煤灰掺量	龄期				
	3 d	7 d	10 d	14 d	28 d
0	37.3	43.5	51.2	54.6	63.2
10%	33.5	40.2	47.6	51.1	60.2
20%	29.1	35.3	43.5	47.6	55.2
30%	24.2	32.1	39.4	43.2	51.3

图 3.17 给出了粉煤灰混凝土抗压强度与基体连通电阻 R_1 间的关系曲线。可以看出，粉煤灰混凝土抗压强度与基体连通电阻 R_1 呈线性关系。因此，可以通过采用电化学方法测量混凝土基体电阻，间接预测混凝土的抗压强度。

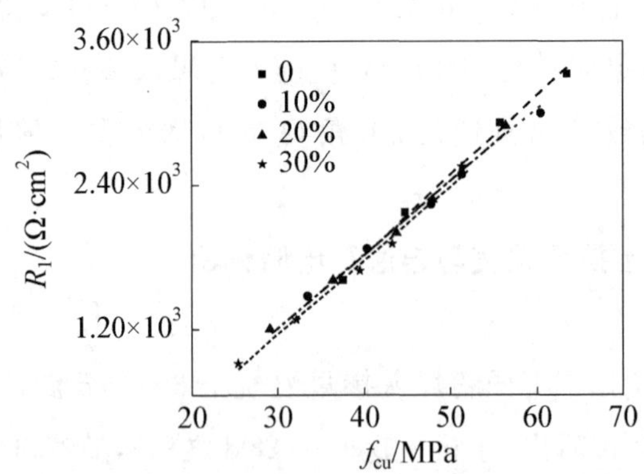

图 3.17　粉煤灰混凝土抗压强度和基体连通电阻拟合曲线

3.4 本章小结

本章对混凝土水泥水化过程进行了研究，对混凝土水泥水化不同阶段的电化学交流阻抗特性进行了分析，建立了混凝土水泥水化与等效电路参数的联系。本章主要结论如下：

(1) 7 d 龄期时，混凝土交流阻抗谱的高频曲线开始出现。随着龄期的增加，水泥水化进入中期阶段，高频部分的曲线逐渐趋向圆弧，而低频部分直线的斜率逐渐趋于 45°，准 Randles 特性越来越明显。随着水化的进行，水泥浆体逐渐趋于固态，28 d 龄期以后水泥水化过程逐渐进入稳定期。

(2) 随着龄期的增加，混凝土水泥浆体的孔隙率逐渐减小，混凝土密实度逐渐增加，水泥浆体孔隙溶液中的离子在多孔介质中的扩散阻力不断增大。随着水灰比的增大，孔隙溶液电解质电阻 R_s、电荷转移反应电阻 R_{ct} 和阻抗扩散系数 δ 均呈减小的趋势，而 C-S-H 凝胶中双电层电容 C_d 无太大的变化。水灰比越小，混凝土中水泥浆体的孔隙率越小，孔径分布、平均孔径越小，结构越密实。

(3) 在同一龄期下，粉煤灰掺量越多，混凝土水泥水化基体电阻 R_1 的增长率越小，说明水泥水化速率随粉煤灰掺量的增加而降低。粉煤灰混凝土水泥基材料的孔隙率、孔隙界面和电容随着混凝土水泥水化过程的不断进行而降低。相比于不掺粉煤灰的普通混凝土，粉煤灰混凝土基体的弥散指数较小，这是由于粉煤灰的加入，使混凝土基体不均匀性增加的缘故。随着粉煤灰掺量的增加，火山灰效应增强，孔结构更加致密，减缓氯离子侵蚀的效果越好。

(4) 由于粉煤灰颗粒粒径小于水泥颗粒，使颗粒的填充效应和微集料效应充分发挥，混凝土连通路径不断被阻塞，整体结构孔隙率减小。粉煤灰混凝土的抗压强度与基体电阻 R_1 之间呈线性关系，可通过基体电阻 R_1 间接地预测混凝土抗压强度。

4

模拟海水环境下混凝土氯离子扩散和电化学阻抗分析

在海洋环境中，海水干湿循环对氯离子在混凝土中的迁移具有重要作用，研究干湿循环对混凝土中氯离子的迁移过程十分必要。粉煤灰、矿渣等工业废弃物作为常用的矿物掺和料，越来越多地应用在混凝土结构中。相较于水泥，它们具有更大的活性和更小的粒径，既可以改善混凝土的工作性能，又能提高混凝土的耐久性，还实现了材料的可持续使用[186-197]。因此，深入研究掺加粉煤灰、矿渣等矿物掺和料混凝土的性能和电化学特性具有重要的意义。本章对混凝土中氯离子的迁移和电化学阻抗谱进行研究。

4.1 试件制作和试验过程

4.1.1 混凝土试件制作

本章试验采用的水泥、集料和水与第 3 章相同，不再进行详细介绍。矿渣采用 S95 磨细矿渣（GGBS），比表面积为 501 $m^2 \cdot kg^{-1}$，其各项性能指标和化学成分如表 4.1 和表 4.2 所示，满足国家标准 GB/T 18046—2008 的各项要求。

表 4.1　矿渣技术指标(%)

含水量	烧失量	流动度比	细度(45 μm 方孔筛筛余)	需水量比	放射性
0.5	2.92	103	1.7	95.3	合格

表 4.2　矿渣化学成分相对含量(%)

SiO_2	Fe_2O_3	Al_2O_3	CaO	MgO	SO_3
33.89	14.12	12.9	25.12	8.02	0.25

掺加矿物掺和料混凝土的制作方法如下：

(1) 用相同质量的粉煤灰或矿渣代替同质量的水泥，制作水胶比为 0.5 的矿物掺和料混凝土立方体试块(100 mm×100 mm×100 mm)。不同矿物掺料混凝土的配合比如表 4.3 和表 4.4 所示，其中 C2(F0)为未掺加矿物掺和料的普通混凝土，表 4.3 为矿渣混凝土，表 4.4 为同时掺加粉煤灰和矿渣的混凝土。

表 4.3　矿渣混凝土配合比

编号	水胶比 (w/b)	胶凝材料用量/(kg·m^{-3})	胶凝材料各组分掺量/%		水/(kg·m^{-3})	砂/(kg·m^{-3})	石/(kg·m^{-3})
			水泥	矿渣			
C2	0.5	446	100	0	223	571	1148
K1	0.5	446	90	10	223	571	1148
K2	0.5	446	80	20	223	571	1148
K3	0.5	446	70	30	223	571	1148

表 4.4　粉煤灰/矿渣混凝土配合比

编号	水胶比 (w/b)	胶凝材料用量/(kg·m^{-3})	胶凝材料各组分掺量/%			水/(kg·m^{-3})	砂/(kg·m^{-3})	石/(kg·m^{-3})
			水泥	粉煤灰	矿渣			
C2	0.5	446	100	0	0	223	571	1148

(续表)

编号	水胶比(w/b)	胶凝材料用量/($kg\cdot m^{-3}$)	胶凝材料各组分掺量/%			水/($kg\cdot m^{-3}$)	砂/($kg\cdot m^{-3}$)	石/($kg\cdot m^{-3}$)
			水泥	粉煤灰	矿渣			
FK3	0.5	446	70	10	20	223	571	1 148

(2) 制作水胶比为 0.5、不同粉煤灰掺量的混凝土立方体试块(100 mm×100 mm×100 mm)。粉煤灰混凝土试块的制作见 3.1.2 节。

4.1.2 氯离子扩散试验

将成型的普通混凝土试块、掺和粉煤灰的混凝土试块、掺和矿渣的混凝土试块和同时掺和粉煤灰与矿渣的混凝土试块,放在标准养护室养护,28 d 后取出。将试块两相对端面涂抹环氧树脂黏胶密封,保留一组端面为工作面。环氧树脂硬化后,将每组中一半数量的试块放置于浓度为 3.25%的 NaCl 溶液中浸泡,注意工作面与 NaCl 溶液接触;剩下的试块放置在清水中浸泡,工作面与清水接触。混凝土试件在两种溶液中分别采用干湿循环交替的方式浸泡,即将试块在密封器皿中浸泡 4 d,然后取出放在养护室内 3 d,每周交替。

采用 RST 电化学工作站测量不同浸泡时间、不同浸泡环境中混凝土试块的电化学阻抗,建立等效电路,应用 Origin 和 ZsimpWin 软件进行分析和拟合得到相应的电化学参数。同时,对盐水环境中经过不同时间浸泡(28 d、56 d、120 d、150 d 和 180 d)的混凝土进行磨粉,分析不同深度氯离子的浓度。氯离子浓度分析方法参考 AASHTO T260 - 97 标准[21],采用 $AgNO_3$ 作为标准溶液进行电位滴定,用指示电极的电位变化指示滴定终点。

达到预定的浸泡时间(28 d、56 d、120 d、150 d 和 180 d)后,将盐水环境浸泡的试块取出晾干表面水,使用混凝土打磨机,从试块的未封蜡表面(与盐溶液接触面)开始,分层研磨,前 11 mm 厚度为每 1 mm 一层,

12～35 mm 厚度为每 2 mm 一层，如图 4.1 所示。粉末用 0.63 mm 的筛子进行筛分。

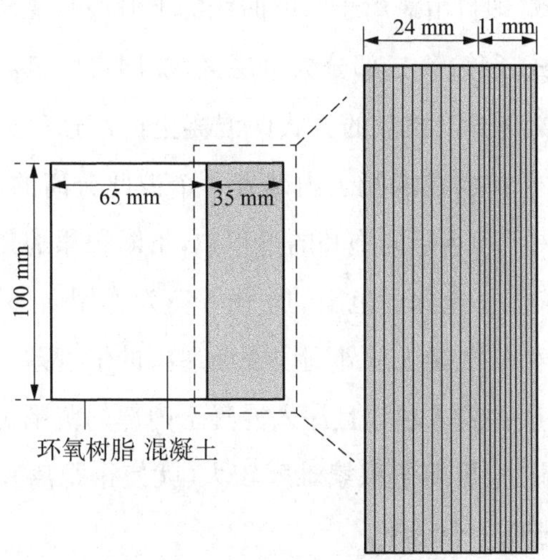

图 4.1 混凝土试块研磨采样图

用灵敏度为 0.01 g 的天平称取混凝土粉末得到试验用的粉末样品，将样品倒入三角烧瓶中。配置硝酸与蒸馏水体积比为 15∶85 的稀硝酸。用容量瓶盛取 100 mL 稀硝酸，倒入三角烧杯中，用瓶塞封口，防止挥发。将试样浸泡约 24 h，让粉末全部溶在溶液中。然后，用定性滤纸过滤，除去沉淀物，用移液管量取滤液 20 mL，置于三角烧瓶。用电位滴定法测量分析粉末中所含氯离子的浓度。

4.2 混凝土氯离子扩散和电化学阻抗分析

4.2.1 水灰比对混凝土自由氯离子扩散的影响

图 4.2 给出了不同龄期时(28 d、56 d、120 d、150 d 和 180 d)水灰比

为 0.4、0.5 和 0.6 混凝土的自由氯离子浓度曲线。从图 4.2 中可以看到，不同龄期时自由氯离子浓度的分布可以分为两部分：第一部分为混凝土的表层区域（即自由氯离子浓度曲线的上升段），氯离子主要以毛细管吸附[59]的方式迁移；第二部分为里层区域（即自由氯离子浓度分布曲线的下降段），氯离子以扩散的方式向混凝土内部迁移。对于毛细管吸附区，由于氯离子和水在混凝土内部有一个彼此分离的过程，在干湿循环状态下不断风干和水趋向饱和的过程中，不断积累的氯离子向内部迁移。然而距离表层一定深度范围的水由于蒸发作用向外移动，经过多次干湿循环后，产生了混凝土从外到内逐渐递减的浓度差。随着干湿循环次数的增加，浓度差越来越大且深入混凝土内部的范围更广。表层由于水分的蒸发与流失，氯离子积累难度较大，就使得距离表层一定深度处的氯离子浓度出现一个峰值。

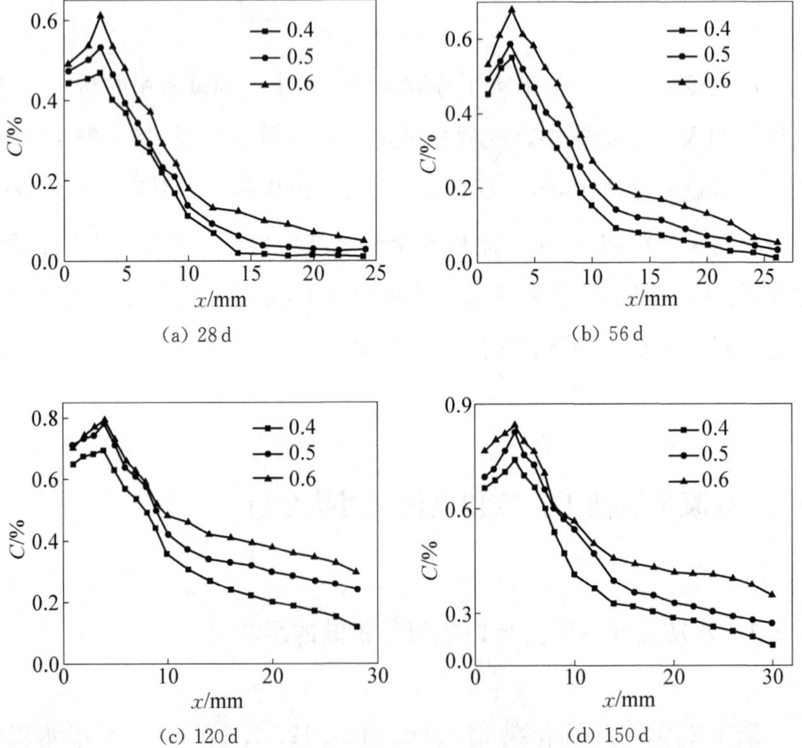

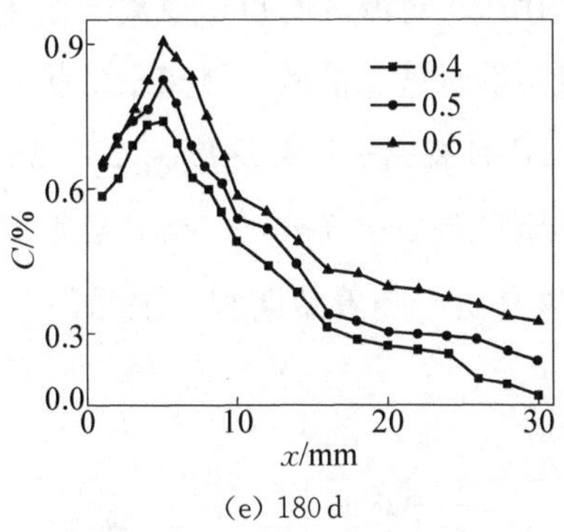

(e) 180 d

图 4.2 不同水灰比混凝土的自由氯离子浓度

从图 4.2 还可看出，28 d、56 d、120 d、150 d 和 180 d 龄期时各曲线对流区的长度相同。虽然同等条件下混凝土水灰比的增加会导致孔隙率增大，但是对流区的深度主要由毛细管的吸附能力、游离水量、孔隙结构、水分蒸发和自由氯离子转化为结合氯离子等多种因素决定，各因素的综合作用使对流区无明显变化。对于扩散区，自由氯离子浓度的变化趋势符合菲克第二定律，即随着氯离子扩散深度的增加，氯离子浓度逐渐降低。对于不同水灰比的混凝土，随着水灰比的增加，水泥的可化合水增多，使得水泥浆体的水化程度更充分，进而生成更多的 C-S-H 凝胶。虽然水灰比的增加使水化反应能够生成更多的 C-S-H 凝胶，而过多的 C-S-H 凝胶会使氯离子的物理吸附作用增强，即结合氯离子增多而自由氯离子相对降低；但是随着水灰比的增大，试块的孔隙率增大，促使氯离子扩散更快。如图 4.2 所示，水灰比为 0.6 混凝土的自由氯离子浓度最高。综合而言，水灰比增大自由氯离子浓度增加。

4.2.2 浸泡时间对混凝土自由氯离子扩散的影响

图 4.3 给出了不同浸泡时间(28 d、56 d、120 d、150 d 和 180 d)水灰比为 0.4、0.5 和 0.6 混凝土的自由氯离子浓度分布曲线。从图 4.3 中可以看出，随着浸泡时间的增长，相同水灰比的混凝土试块相同深度处

的自由氯离子浓度均增大,对流区的自由氯离子浓度随着水灰比的增加而逐渐提高,但提高并不明显。扩散区氯离子的扩散深度随龄期逐渐增加,龄期为 28 d 和 56 d 时氯离子扩散深度为 27～28 mm, 120 d 和 150 d 龄期时氯离子扩散深度为 32～33 mm; 180 d 龄期时氯离子扩散深度已经达到约 34 mm。这是由于随着龄期和干湿循环次数的增加,氯离子积累更多。

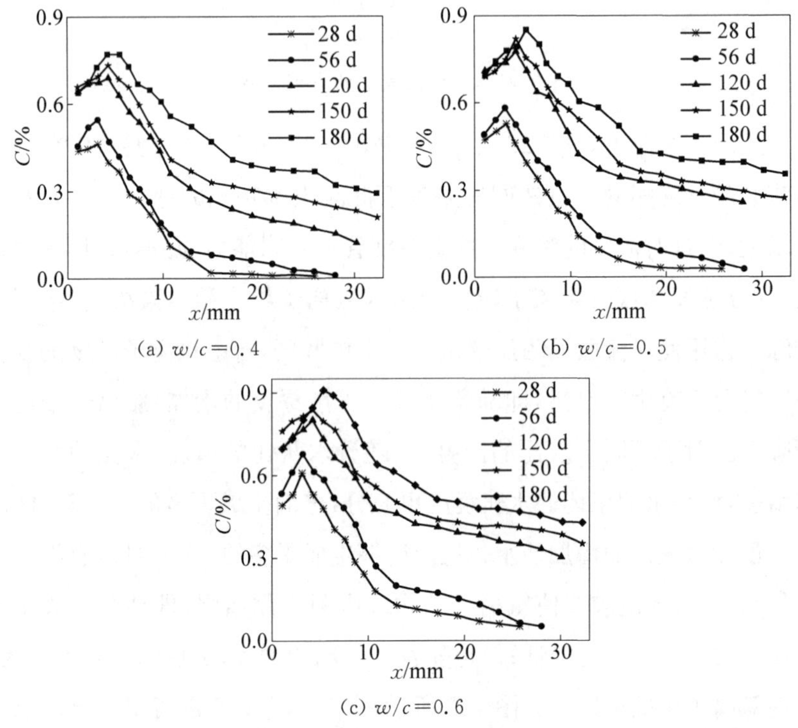

(a) $w/c=0.4$　(b) $w/c=0.5$　(c) $w/c=0.6$

图 4.3　不同龄期混凝土的自由氯离子浓度

图 4.4 给出了不同浸泡时间不同水灰比混凝土的自由氯离子浓度峰值变化曲线。可以看出,不同浸泡时间、相同水灰比的混凝土或相同浸泡时间、不同水灰比的混凝土,自由氯离子浓度的峰值均发生变化。这是因为随着水灰比的增加,混凝土孔隙率增大,游离状态下的水分子易于蒸发,毛细管吸附能力增强,而且随着浸泡时间的增加,氯离子在混凝土内部积累也逐渐增多。

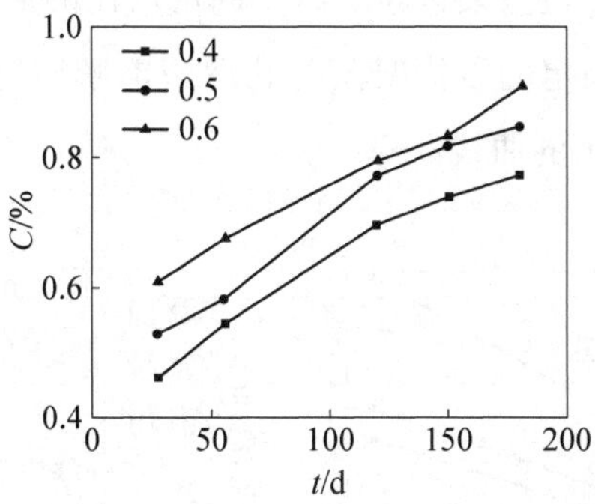

图 4.4 不同浸泡时间混凝土的自由氯离子浓度峰值曲线

对比不同水灰比混凝土氯离子浓度随浸泡时间变化的曲线可以看出，自由氯离子浓度峰值随浸泡时间的增加幅度均逐渐减小，大致服从对数变化规律。

4.2.3 混凝土电化学阻抗谱分析

由第 2.1 节可知，利用准 Randles 型等效电路可以对混凝土水泥水化过程进行研究，等效电路如图 2.2(b)所示。因此，对于不同水灰比的普通混凝土、粉煤灰混凝土、矿渣混凝土和粉煤灰/矿渣混凝土，均采用图 2.2(b)所示电路进行分析。针对图 2.2(b)所示等效电路，通过拟合分析确定各参数的值，包括孔隙溶液电解质电阻 R_s、电荷转移反应电阻 R_{ct}、扩散阻抗系数 δ、常相角指数 p 和表征双电层电容 C_d 大小的 K 值。

1. 孔隙溶液电解质电阻 R_s

参数 R_s 为混凝土材料孔结构中孔隙溶液电解质电阻，其大小与混凝土孔隙溶液中离子的数量和材料总孔隙率均呈反比关系。混凝土孔隙溶液中主要包含 K^+、Na^+ 和 OH^- 等，且在混凝土养护凝结之前孔隙中各类离子浓度均不变，此时孔隙率是影响阻抗参数 R_s 的主要因素。对于配合比相同的混凝土，内部微观结构特性几乎相同，此时离子浓度

是影响阻抗参数 R_s 的主要因素。将不同水灰比的混凝土分别浸泡于清水和盐水中，按照预定的浸泡时间对孔溶液电解质电阻进行监测，得到图 4.5(a)和(b)所示的曲线。

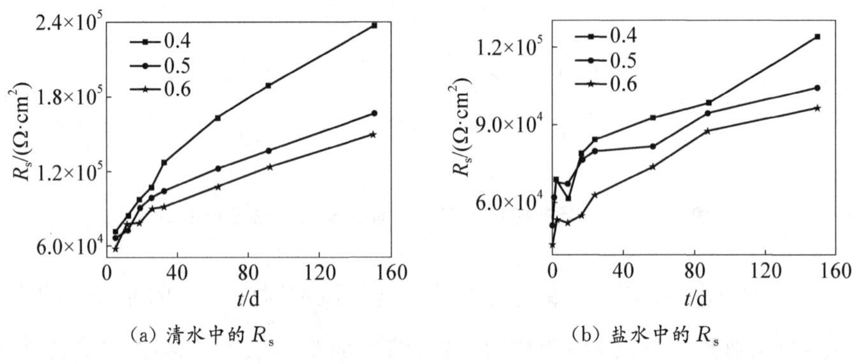

(a) 清水中的 R_s　　(b) 盐水中的 R_s

图 4.5　不同浸泡环境混凝土的 R_s 曲线

从图 4.5 可以看出，在相同浸泡环境下，不同水灰比混凝土的 R_s 均随着浸泡时间的增加而增大，并随着混凝土水灰比的增大而减小，表明随着水泥含量的增加，混凝土的总孔隙率减小，即水泥用量越多，混凝土越密实。同时，对比水灰比相同的混凝土，可以看出当试块均处于稳定期时，浸泡于清水环境中混凝土的孔隙溶液电阻大于浸泡于盐水环境中混凝土的孔隙溶液电阻，说明氯离子已经逐步扩散进入混凝土材料的孔隙溶液中，使得孔隙溶液中的离子浓度升高，从而降低了孔隙溶液电阻 R_s。

2. 电荷转移反应电阻 R_{ct}

R_{ct} 为混凝土中 C－S－H 凝胶上电子转移所产生的电阻，其值的大小与混凝土材料中活性成分的水化程度成正比，与凝胶中离子数量成反比。在相同的浸泡环境中，凝胶中离子数量一般在一个很小的范围内波动，此时混凝土中活性成分的水化程度是影响 R_{ct} 的主要因素。当水灰比相同时，混凝土的水化程度也基本一致，此时凝胶离子数量是影响 R_{ct} 的主要因素。

图 4.6(a)和(b)给出了不同浸泡环境、不同水灰比混凝土电荷转移

反应电阻 R_{ct} 的变化曲线。从图 4.6 中可以看出，对水灰比相同的混凝土，浸泡于盐水环境中混凝土的 R_{ct} 小于浸泡于清水环境中混凝土的 R_{ct}。这是因为盐水环境中混凝土的氯离子已经侵入混凝土的 C-S-H 凝胶中，使得凝胶中的离子总数量大幅度增加。

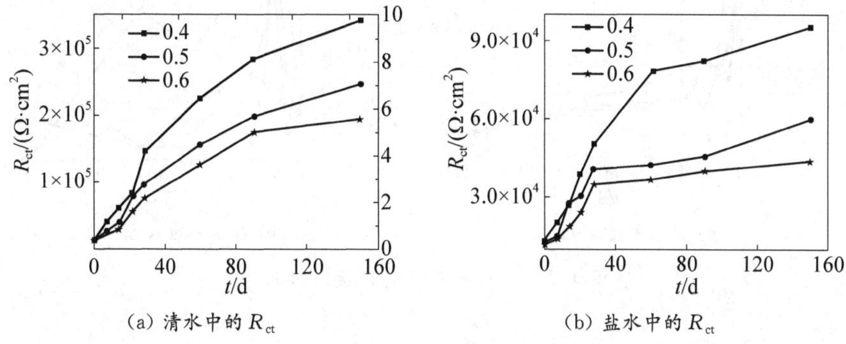

(a) 清水中的 R_{ct}　　(b) 盐水中的 R_{ct}

图 4.6　不同浸泡环境混凝土的 R_{ct} 曲线

在相同的浸泡环境中，对于处于稳定期的混凝土，R_{ct} 与浸泡时间呈正比，这是由于混凝土水泥的水化程度随浸泡时间的增加不断增加、混凝土也越来越致密。当浸泡时间相同时，R_{ct} 与混凝土水灰比呈反比。

3. 混凝土双电层电容 C_d

C_d 代表混凝土中 C-S-H 凝胶双电层电容，一般混凝土的电化学体系均采用准 Randles 型等效电路。由图 2.2(b)可知，由于混凝土体系具有粗糙的电极表面，因此将双电层电容 C_d 用常相角元件 Q 代替，C_d 的表达式变为 $C_d = K(j\omega)^{-q}$，用 K 值表征双电层电容的大小。不同浸泡环境、不同水灰比混凝土 K 值的变化曲线如图 4.7(a)和(b)所示。可以看出，在相同的浸泡环境中，混凝土稳定期的 K 值并不随水灰比的变化而波动。理论上讲，K 值与混凝土的孔隙率和凝胶自由离子的数量均呈正比。随着时间的增加，混凝土变得越来越密实，孔隙率不断减小，而 K 值也不断减小。另一方面，混凝土的水化程度与时间呈正比，产生的凝胶越多，凝胶中离子的总数量增加也越多，K 值增大。受这两种具有相反作用因素的影响,K 值没有明显的变化规律,而是在一个很小的范围内波动,说明在同种浸泡环境中,水灰比不会改变混凝土的电化学参数 K。

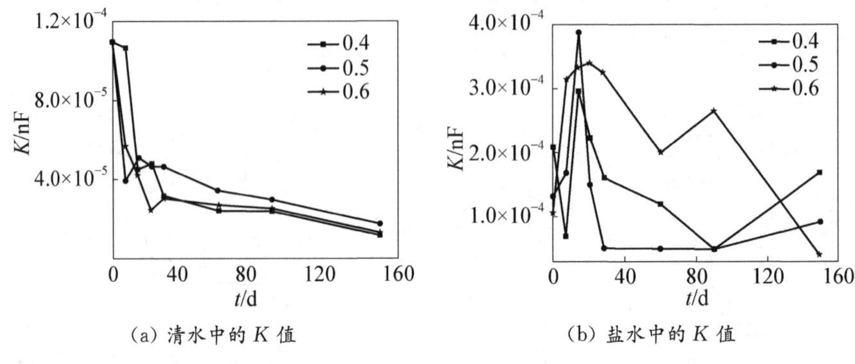

(a) 清水中的 K 值　　(b) 盐水中的 K 值

图 4.7　不同浸泡环境混凝土的 K 值

4. 扩散阻抗系数 δ

一般而言,混凝土材料的电化学体系均用准 Randle 型等效电路描述,扩散过程中瓦博格阻抗 Z_w 发生偏移后用 Z_d 表示,表达式为 $Z_d = Q(j\omega)^{-p}(0<p<1)$,因此可以利用扩散阻抗系数 δ 和常相角指数 p 来表征扩散阻抗的性质。其中 Q 为常数,与瓦博格阻抗 Z_w 中的 δ 意义相同,因此仍采用 δ 表示混凝土水泥水化过程中扩散阻抗系数。常相角指数 p 由图 2.3(b)中奈奎斯特曲线低频部分的直线与横轴的夹角(弧度)除以 $\pi/2$ 得到,δ 反映了混凝土内部孔隙溶液中离子扩散时所受到的阻力,与混凝土孔隙连通程度和孔隙溶液中所含离子浓度有关。

图 4.8(a)和(b)给出了不同浸泡环境、不同水灰比混凝土的阻抗扩散系数 δ 值的变化曲线。可以看出,在相同的浸泡环境中,δ 值与浸泡时间呈正比,与水灰比呈反比。说明水灰比越小,混凝土的内部结构越密实,其内部毛细孔的连通程度越低,进而增大了扩散阻力。对于具有相同水灰比的混凝土,盐水环境中混凝土的 δ 值小于清水环境中的 δ 值,表明盐水环境中浸泡的混凝土受到了氯离子的侵蚀,导致盐水浸泡环境中的混凝土孔隙溶液中离子浓度不断增加,根据文献[121—122]可知,阻抗扩

散系数 δ 值与氯离子浓度成反比，因此离子扩散阻力进一步减小。

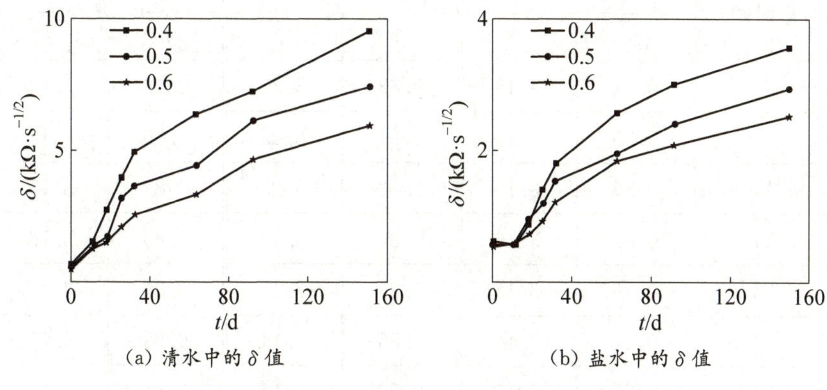

(a) 清水中的 δ 值　　(b) 盐水中的 δ 值

图 4.8 不同浸泡环境中混凝土的 δ 值

分形维数 d 表征混凝土材料内部孔隙结构的密实度和复杂程度，常相角指数 p 表征混凝土细观结构的变化，两者之间呈负相关关系。不同浸泡环境、不同水灰比混凝土的 p 值和 d 值如表 4.5 和表 4.6 所示。从表中数据可以看出，在同种浸泡环境中，p 值与浸泡时间呈正比，与水灰比呈反比，说明 p 值与混凝土的水化程度和密实度呈正比关系。此外，混凝土的水灰比越小，其内部孔隙结构越接近密实的三维体系。

表 4.5 混凝土在清水中的分形维数 d 和常相角指数 p

浸泡时间/d	C1		C2		C3	
	d	p	d	p	d	p
0	3.17	0.83	3.22	0.88	3.19	0.81
7	3.15	0.85	3.19	0.85	3.16	0.84
14	3.13	0.86	3.16	0.87	3.16	0.84
21	3.14	0.87	3.16	0.85	3.15	0.85
28	3.16	0.88	3.18	0.88	3.15	0.87
60	3.15	0.88	3.17	0.89	3.16	0.86
90	3.16	0.86	3.17	0.88	3.14	0.88
150	3.17	0.87	3.18	0.87	3.15	0.87

表 4.6 混凝土在盐水中的分形维数 d 和常相角指数 p

浸泡时间/d	C1		C2		C3	
	p	d	p	d	p	d
0	0.83	3.18	0.82	3.20	0.79	3.19
7	0.85	3.16	0.81	3.22	0.80	3.19
14	0.86	3.15	0.83	3.25	0.82	3.15
21	0.85	3.16	0.83	3.16	0.83	3.16
28	0.86	3.15	0.84	3.15	0.85	3.14
60	0.87	3.14	0.86	3.14	0.83	3.12
90	0.88	3.15	0.85	3.16	0.84	3.12
150	0.86	3.16	0.84	3.14	0.82	3.13

在同种浸泡环境中，对于不同水灰比的混凝土，d 值和 p 值几乎没有显著变化，说明水灰比的变化能够影响混凝土材料内部孔隙结构的性质，但是氯离子并不能改变其孔隙结构的性质。

4.3 粉煤灰混凝土氯离子扩散和电化学阻抗分析

4.3.1 粉煤灰对混凝土自由氯离子扩散的影响

图 4.9 给出了粉煤灰掺量为 0、10%、20%和 30%的混凝土不同龄期(28 d、56 d、120 d、150 d 和 180 d)下的自由氯离子浓度曲线，水胶比均为 0.5。可以看出，不同龄期时(28 d、56 d、120 d、150 d 和 180 d)混凝土中自由氯离子浓度均先增大后减小，即同样也分为对流区和扩散区。不同粉煤灰掺量混凝土对流区氯离子的扩散深度变化不大。对于扩散区，自由氯离子浓度的变化趋势依然符合菲克第二定律，随着深度的增加，氯离子浓度逐渐降低。

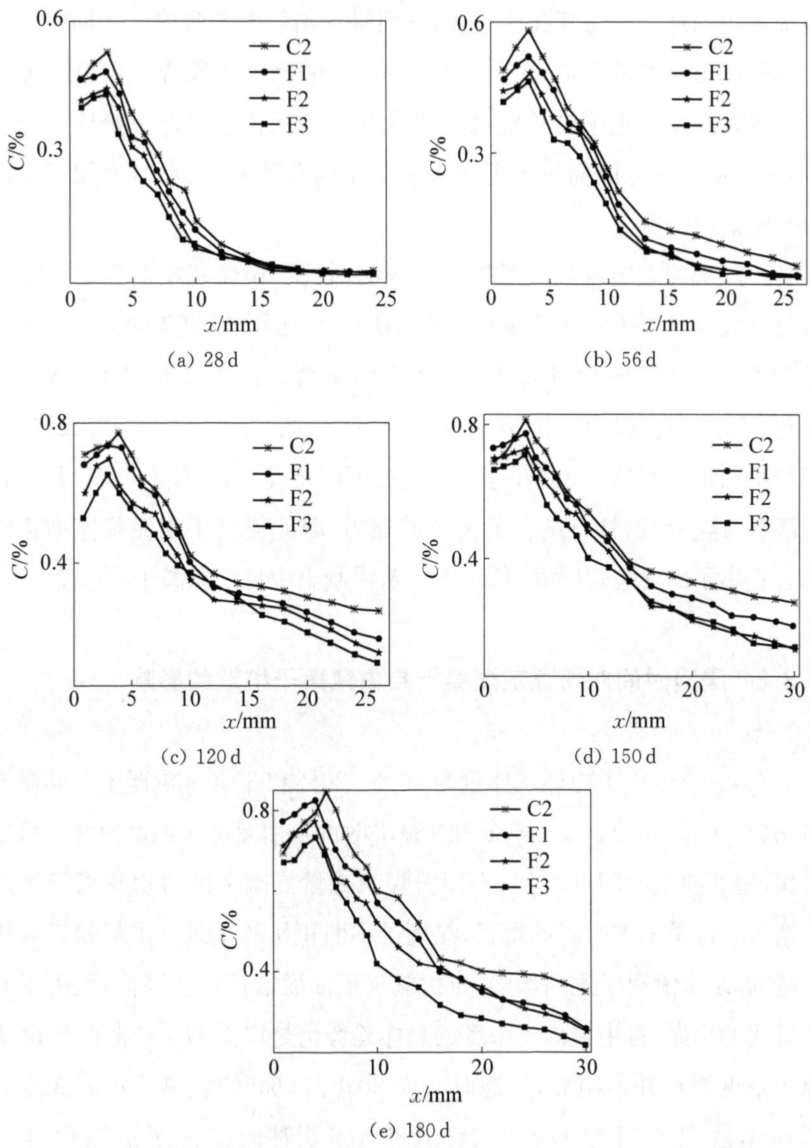

(a) 28 d (b) 56 d (c) 120 d (d) 150 d (e) 180 d

图 4.9 不同龄期粉煤灰混凝土的自由氯离子浓度

从图 4.9 中还可以看出，相同深度下混凝土自由氯离子浓度随粉煤灰掺量的增加逐渐变小，这是由于粉煤灰的微颗粒填充效应使得混凝土孔隙被填充。粉煤灰的颗粒粒径在 0～60 μm 范围内，主要为球形颗粒，平均粒径为 10～15 μm。粉煤灰颗粒具有空心结构和复杂的内表面，其表面通过内部空腔与气孔相连接，进而呈现出较大的吸附比表面积。文献[66]指出颗粒的空心结构和巨大的内比表面积为粉煤灰混凝土氯离子的吸附提供了更多的可能性。粉煤灰的微颗粒不仅能很好地填充孔隙，而且使反应生成物积累沉淀于混凝土的孔隙和裂缝中，增加了混凝土孔隙的曲折度。

粉煤灰的火山灰效应系指粉煤灰的活性。粉煤灰中的重要活性成分是二氧化硅(SiO_2)和三氧化二铝(Al_2O_3)。国产粉煤灰的化学组成通常含 SiO_2 35%～65%、Al_2O_3 15%～40%，二者总含量约 65%～85%[67]。本文试验所用的粉煤灰中含 SiO_2 63.25%，Al_2O_3 19.26%，它们与水泥水化产物 $Ca(OH)_2$ 反应生成了水化硅酸钙(C-S-H)和水化铝酸钙，这些产物具有结合氯离子的能力，因此提高了水泥浆体中化学结合氯离子的含量，从而降低了粉煤灰混凝土中自由氯离子的浓度。

4.3.2 浸泡时间对粉煤灰混凝土自由氯离子扩散的影响

图 4.10 给出了粉煤灰掺量为 10%、20%和 30%的混凝土不同浸泡时间(28 d、56 d、120 d、150 d 和 180 d)时的自由氯离子浓度曲线。可以看出，随着浸泡时间的增加，不同粉煤灰掺量混凝土的自由氯离子浓度均增大。这是随着时间的增长，氯离子不断积累的结果。虽然粉煤灰掺量增加，结合氯离子逐渐增多，自由氯离子浓度增长速度降低，但由于较长时间的积累，自由氯离子浓度的总体趋势仍是增大的。扩散区自由氯离子浓度增长并不明显，浸泡时间为 28 d 和 56 d 的氯离子扩散深度为 25 mm，浸泡时间为 120 d、150 d 和 180 d 时的氯离子扩散深度为 30 mm，相比于未掺粉煤灰、水灰比为 0.5 的普通混凝土，浸泡时间为 180 d 时的扩散区深度降低了 1 mm。随着粉煤灰掺量的增加，混凝土孔隙结构更为紧凑密实，扩散区氯离子扩散深度减小；加之于表面 11 mm 深度范围内按每 1 mm 进行采样以及部分试验离散点的误差，没有观察到扩散区深度减小，而只有浸泡时间为 180 d 的试验数据表明有所

减小。

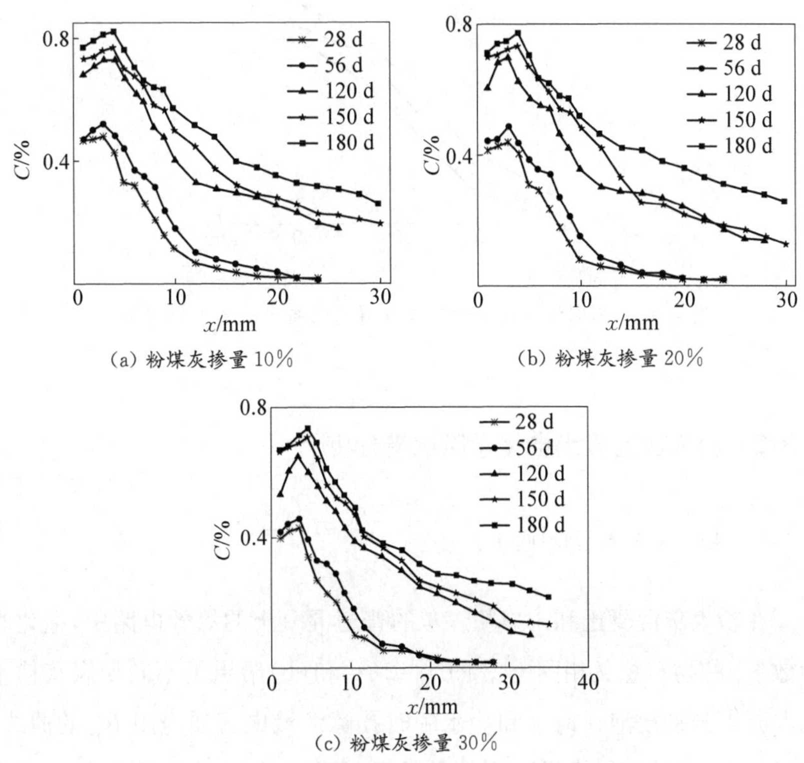

(a) 粉煤灰掺量10% (b) 粉煤灰掺量20% (c) 粉煤灰掺量30%

图 4.10 不同龄期粉煤灰混凝土的自由氯离子浓度

图 4.11 给出了不同浸泡时间、不同粉煤灰掺量混凝土的自由氯离子浓度峰值曲线。可以看出,不同浸泡时间、相同粉煤灰掺量混凝土的自由氯离子浓度的峰值均增大;而在浸泡时间相同、粉煤灰掺量不同的混凝土中,氯离子浓度峰值随着粉煤灰掺量的增加而减小。这是因为随着粉煤灰掺量的增加,混凝土微颗粒填充效应和火山灰效应更为明显,使混凝土结构更为致密,孔隙率变小,毛细管吸附能力减弱。从图 4.11 还可以看出,随着浸泡时间的增加,10%和 30%粉煤灰掺量混凝土的自由氯离子浓度峰值差逐渐增大,这可能是由于随着水泥水化反应和粉煤灰的二次水化反应趋于稳定,30%粉煤灰掺量混凝土相对于 10%粉煤灰掺量混凝土化学结合的氯离子更多。

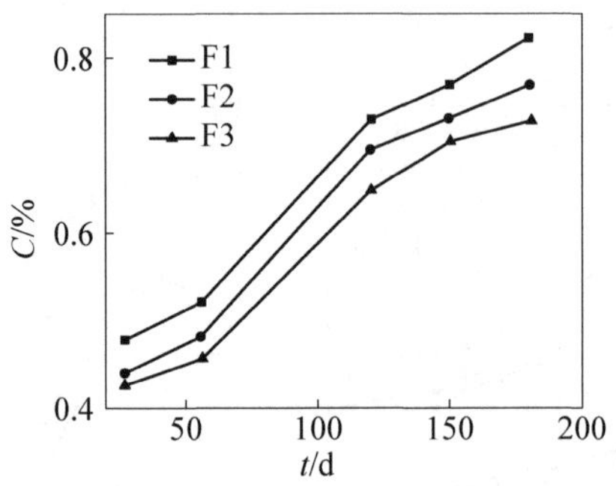

图 4.11　不同浸泡时间粉煤灰混凝土的自由氯离子浓度峰值

4.3.3　粉煤灰混凝土电化学阻抗谱分析

1. 孔溶液电解质电阻 R_s

在粉煤灰混凝土和未掺粉煤灰的普通混凝土的等效电路中，电化学参数 R_s 的物理意义相同[53]。图 4.12(a)和(b)给出了不同粉煤灰掺量的混凝土分别浸泡在清水和盐水中时孔隙溶液电解质电阻 R_s 的曲线。可以看出，在粉煤灰掺量相同的条件下，浸泡在清水中混凝土的电解质电阻 R_s 大于浸泡于盐水中的，并且二者差别随着浸泡时间的增加而增大。原因是当掺粉煤灰的混凝土浸泡在盐水中时，氯离子扩散进入内部孔隙中，而除浸泡扩散进入的 Cl^- 外，混凝土孔隙溶液中还含有 OH^-、K^+ 等，导致离子总数量高于浸泡在清水中混凝土孔隙溶液中的离子总数量；而浸泡在清水中的混凝土，水的进入并未增加孔隙溶液中离子的总数量。所以浸泡在盐水中粉煤灰混凝土的 R_s 比浸泡在清水中的小，而且随着浸泡时间的增加扩散进入的氯离子数量增多，孔溶液电解质电阻 R_s 的差值也越大。

从图 4.12 还可以看出，在浸泡环境一致的情况下，随着粉煤灰掺量的增加和浸泡时间的增加，粉煤灰混凝土水化稳定期的 R_s 呈增大趋势，

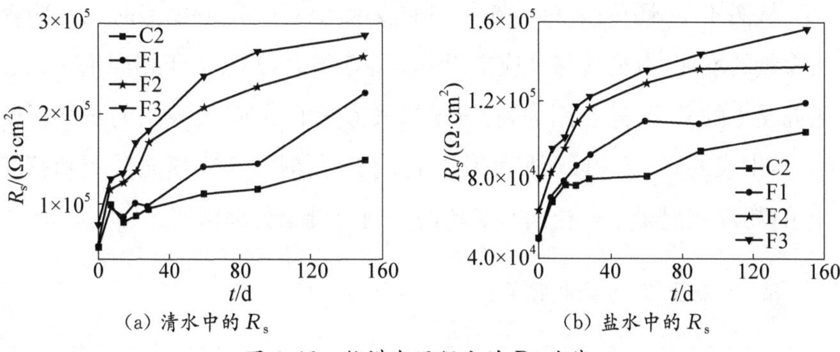

(a) 清水中的 R_s (b) 盐水中的 R_s

图 4.12 粉煤灰混凝土的 R_s 曲线

且大于相同水胶比的普通混凝土。这是因为掺粉煤灰的混凝土比普通混凝土的胶凝材料具有更大的活性,存在二次水化反应,即在试块成型稳定后再次发生反应;并且粉煤灰颗粒相比于水泥颗粒具有粒径更小的特点,填充混凝土内部孔隙的效果更好,即填充效应与密实效应更为显著。

2. 电荷转移反应电阻 R_{ct}

图 4.13(a)和(b)给出了浸泡于清水和盐水环境粉煤灰混凝土 C-S-H 凝胶中水化电子电荷转移反应电阻 R_{ct} 的曲线。可以看出,在粉煤灰掺量相同的前提下,浸泡于盐水中混凝土水化电子电荷转移反应电阻 R_{ct} 明显小于浸泡于清水中混凝土的 R_{ct}。这是因为混凝土浸泡在盐水中时,氯离子通过扩散进入 C-S-H 凝胶中,导致 C-S-H 凝胶中的离子数量增加和电性质发生了改变。

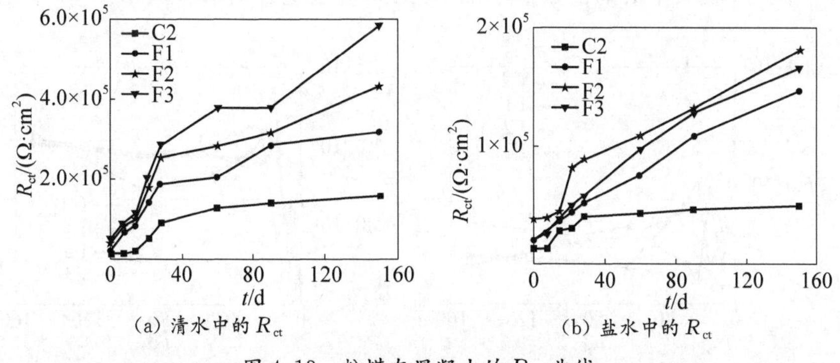

(a) 清水中的 R_{ct} (b) 盐水中的 R_{ct}

图 4.13 粉煤灰混凝土的 R_{ct} 曲线

从图 4.13 还可以看出，在相同的浸泡条件下，随着浸泡时间和粉煤灰掺量的增加，电荷转移反应电阻 R_{ct} 逐渐增大，并且大于相同水灰比普通混凝土的 R_{ct}。这是因为，随着粉煤灰掺量的增加，混凝土的水化程度增大，生成的 C-S-H 凝胶水化产物增多，同时也存在填充效应和胶结作用，粉煤灰混凝土较相同水灰比的普通混凝土更加密实。

3. 混凝土双电层电容 C_d

C_d 为粉煤灰混凝土的 C-S-H 凝胶电容，即双电层电容。由第 2.1 节可知，双电层电容 C_d 的表达式变为 $C_d = K(j\omega)^{-q}$，本节仍采用 K 和 q 来表征双电层电容 C_d 的特性。普通混凝土的内部结构随着浸泡时间的增加而逐渐致密，常相角指数 q 趋近于 1；粉煤灰混凝土的常相角指数因其内部结构充实而比普通混凝土更加致密，故而更趋近于 1。可根据常相角指数 q 值的变化判断双电层电容的影响，如果 q 值变化很小，说明影响十分有限，可近似认为掺粉煤灰混凝土的常相角指数 q 为 1，故讨论粉煤灰混凝土双电层电容 C_d 的性质，可仅讨论 K 值的变化，忽略常相角指数 q 的影响。

图 4.14(a)和(b)给出了浸泡于清水和盐水中不同粉煤灰掺量混凝土 K 值的变化曲线。可以看出，在粉煤灰掺量相同的条件下，浸泡在盐水中混凝土的 K 值大于浸泡在清水中混凝土的 K 值，说明混凝土在盐水中浸泡的过程中，氯离子通过扩散进入混凝土的 C-S-H 凝胶，使 C-S-H 凝胶中的离子数量增加，导致双电层电容增加。从图 4.14 中还

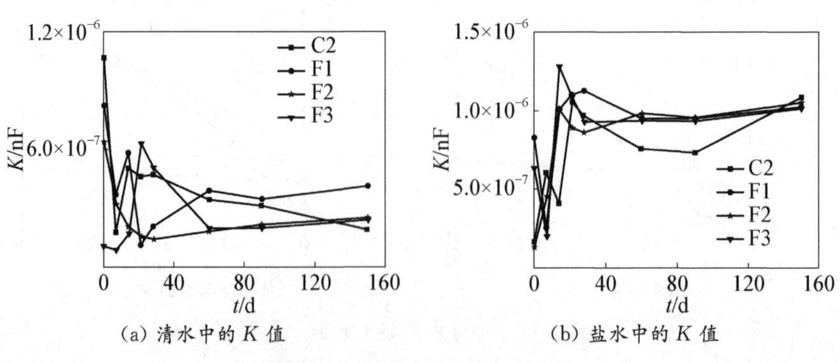

(a) 清水中的 K 值　　(b) 盐水中的 K 值

图 4.14　粉煤灰混凝土的 K 值

可看出，在相同的浸泡条件下，掺粉煤灰混凝土的 K 值与普通混凝土的 K 值变化不显著，说明粉煤灰的掺入对混凝土双电层电容性质的影响很小。

4. 扩散阻抗系数 δ

如前所述，一般而言，混凝土材料的电化学体系均可用准 Randle 型等效电路描述，扩散过程中的瓦博格阻抗 Z_w 发生变化，用 Z_d 表示，Z_d 的表达式为 $Z_d = Q(j\omega)^{-p}(0 < p < 1)$，其中 Q 为常数，与瓦博格阻抗 Z_w 中的 δ 相当，因此可以利用阻抗扩散系数 δ 和常相角指数 p 来表征扩散阻抗的性质。常相角指数 p 由图 2.3(b)奈奎斯特曲线低频部分的直线与横轴的夹角(弧度)除以 $\pi/2$ 得到。图 4.15(a)和(b)分别给出了浸泡在清水和盐水中粉煤灰混凝土扩散阻抗系数 δ 的曲线。δ 反映了水泥浆体中连通毛细结构的发展程度，以及离子在多孔介质中扩散所受到的阻力，与浆体的密实程度、毛细孔连通程度、孔结构复杂程度和孔隙溶液中的离子浓度等有关。从图 4.15 中可以看出，在粉煤灰掺量相同的条件下，盐水中的氯离子扩散进入混凝土孔隙中，使得孔隙溶液离子的数量增加，根据文献[121—122]可知，扩散阻抗系数 δ 与氯离子浓度成反比，从而使得盐水中粉煤灰混凝土的 δ 值小于清水中的 δ 值。

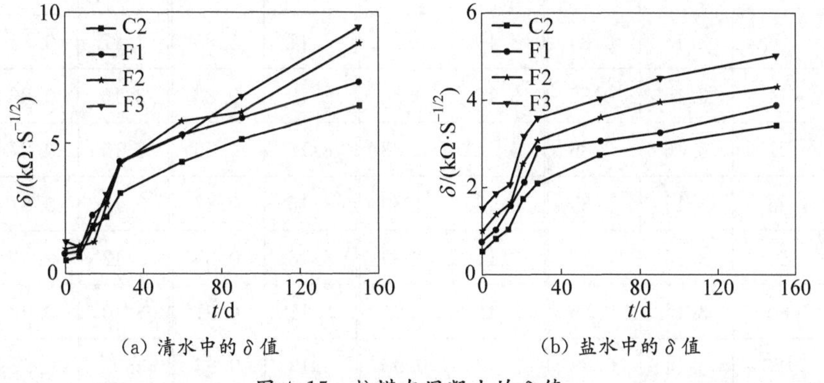

(a) 清水中的 δ 值　　(b) 盐水中的 δ 值

图 4.15　粉煤灰混凝土的 δ 值

从图 4.15(a)和(b)还可以看出，在相同的浸泡环境中，粉煤灰混凝土的扩散阻抗系数 δ 值大于普通混凝土的 δ 值，并且随着粉煤灰掺量和浸泡时间的增加 δ 值逐渐增大。这是由于粉煤灰混凝土内部毛细孔的连通程度因粉煤灰填充效应、密实效应和二次水化作用而降低，进而导致自由离子扩散阻力增加。

表 4.7 和表 4.8 给出了浸泡于清水和盐水中粉煤灰混凝土的分形维数 d 和常相角指数 p。常相角指数 p 表征混凝土的微观孔结构特征，分形维数 d 表征混凝土的填充能力和复杂程度[54]。可以看出，在粉煤灰掺量相同的条件下，两种浸泡环境中混凝土的分形维数 d 和常相角指数 p 均没有显著变化，原因是盐水中的氯离子扩散进入混凝土后，对其微观孔隙结构特性影响不显著，仅仅导致内部离子的数量增加，未改变孔隙结构的填充能力和复杂程度。在相同的浸泡环境中，粉煤灰混凝土的常相角指数 p 略大于普通混凝土的 p，且常相角指数随着粉煤灰掺量的增加而增大，说明粉煤灰混凝土的微观结构比普通混凝土的微观结构更密实、更加接近于三维体系。

表 4.7 粉煤灰混凝土在清水中的分形维数 d 和常相角指数 p

浸泡时间/d	F0(C2)		F1		F2		F3	
	d	p	d	p	d	p	d	p
0	3.21	0.81	3.20	0.82	3.18	0.84	3.16	0.86
7	3.18	0.84	3.19	0.83	3.17	0.85	3.17	0.85
14	3.15	0.87	3.16	0.86	3.19	0.83	3.16	0.86
21	3.16	0.86	3.14	0.88	3.16	0.86	3.15	0.87
28	3.15	0.87	3.13	0.89	3.15	0.87	3.15	0.87
60	3.15	0.87	3.11	0.89	3.13	0.89	3.12	0.90
90	3.16	0.86	3.11	0.91	3.11	0.91	3.10	0.92
150	3.14	0.88	3.12	0.90	3.13	0.93	3.07	0.95

表 4.8 粉煤灰混凝土在盐水中的分形维数 d 和常相角指数 p

浸泡时间/d	F0(C2)		F1		F2		F3	
	d	p	d	p	d	p	d	p
0	3.21	0.81	3.19	0.83	3.18	0.84	3.17	0.85
7	3.22	0.80	3.19	0.83	3.17	0.85	3.15	0.87
14	3.19	0.83	3.18	0.84	3.19	0.83	3.17	0.85
21	3.18	0.84	3.15	0.87	3.16	0.86	3.15	0.86
28	3.16	0.86	3.13	0.88	3.15	0.87	3.14	0.88
60	3.15	0.87	3.15	0.90	3.13	0.89	3.13	0.89
90	3.15	0.87	3.11	0.91	3.11	0.91	3.09	0.93
150	3.14	0.88	3.12	0.90	3.13	0.93	3.08	0.94

4.4 矿渣混凝土氯离子扩散和电化学阻抗分析

矿渣作为钢铁生产中的副产品，也是混凝土中常用的矿物掺和料。混凝土中掺和一定量的矿渣可以减少水泥的用量，起到节约资源的作用，同时改善混凝土的性能。矿渣的主要化学成分与水泥的化学成分基本相同，包括氧化物和少量的硫化物；氧化物有 CaO、Al_2O_3、SiO_2、Fe_2O_3、MnO 和 MgO 等，硫化物有 CaS 和 MnS 等；只不过矿渣中 CaO 的含量较低，而 SiO_2 的含量偏高。一般而言，氧化物 CaO、Al_2O_3 和 SiO_2 的含量占到总质量的 90%以上。矿渣水化后的主要产物为 C-S-H 凝胶和钙矾石，矿渣的基本效应包括火山灰效应和微集料效应。相比于粉煤灰，矿粉的早期活性较高，但仍低于水泥。在水化反应后期，矿粉的活性逐渐表现出来，可以很好地提升混凝土的抗侵蚀能力。

4.4.1 矿渣掺量对混凝土自由氯离子扩散的影响

图 4.16 给出了不同龄期时(28 d、56 d、120 d、150 d 和 180 d)矿渣掺量为 0、10%、20%和 30%混凝土的自由氯离子浓度曲线,混凝土水胶比均为 0.5。从图 4.16 中可以看出,不同龄期时(28 d、56 d、120 d、150 d 和 180 d)混凝土中自由氯离子浓度均先增大后减小,即同样也分为对流区和扩散区。相比于水灰比为 0.5 的普通混凝土,不同矿渣掺量混凝土对流区的氯离子扩散深度相差不大;对于扩散区,自由氯离子浓度的变化趋势依然符合菲克第二定律,随着扩散深度的增加,氯离子浓度逐渐降低。对于不同矿渣掺量的混凝土,相同深度下自由氯离子浓度随矿渣掺量的增加而减小。这是因为一方面矿渣的微颗粒填充效应使水化反应后混凝土的孔隙变小,氯离子扩散更为困难;另一方面是矿渣的二次水化反应增加了混凝土的密实度。当碱性激发剂激发时,矿渣中具有化学活性的主要成分氧化铝与氢氧化钙发生反应生成新的水化物,即水化铝酸钙[69],提高了混凝土中结合氯离子浓度,降低了自由氯离子浓度。同样,二氧化硅也会反应生成水化硅酸钙起到相同的作用。

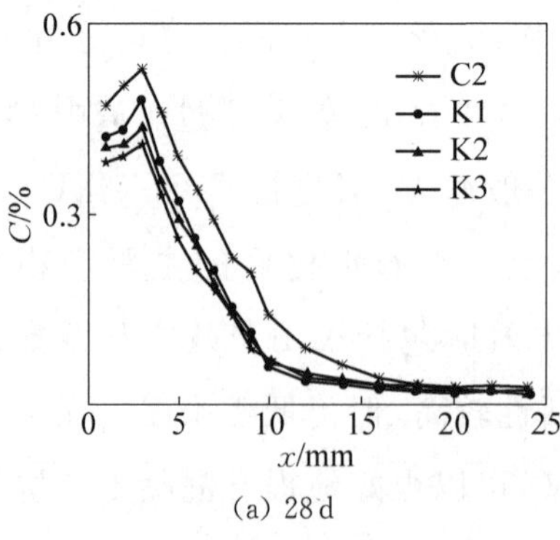

(a) 28 d

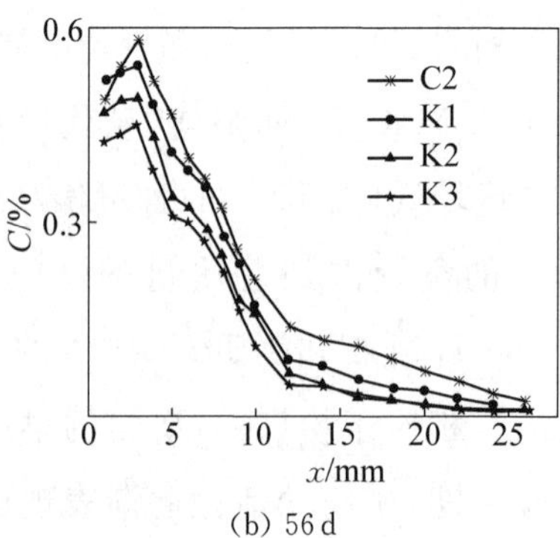

(b) 56 d

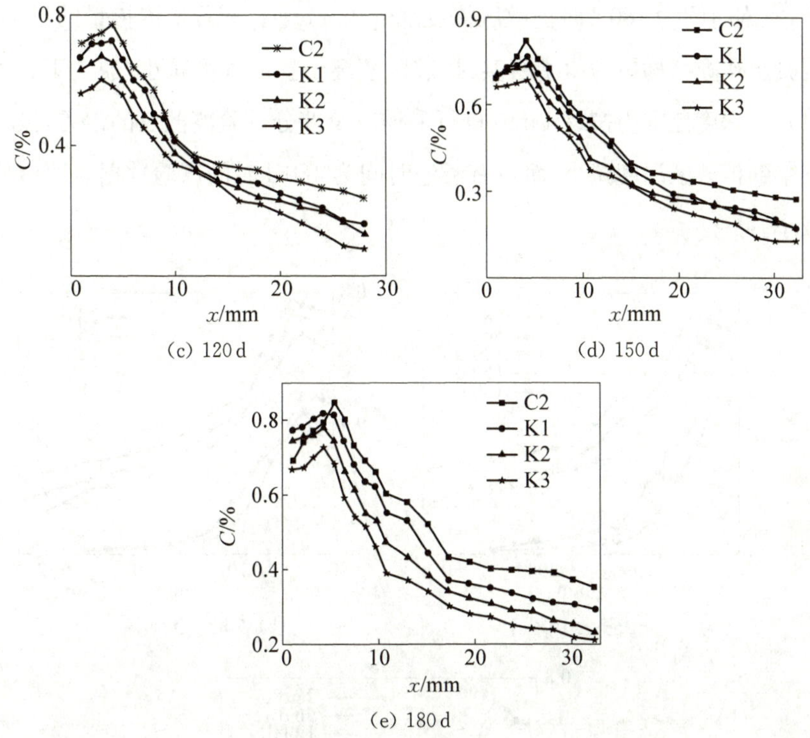

(c) 120 d　　(d) 150 d

(e) 180 d

图 4.16　不同浸泡时间矿渣混凝土的自由氯离子浓度

4.4.2 浸泡时间对矿渣混凝土自由氯离子扩散的影响

图 4.17 给出了矿渣掺量为 10％、20％和 30％的混凝土在不同时间(28 d、56 d、120 d、150 d 和 180 d)时自由氯离子浓度的分布曲线。从图 4.17 中可以看出,相同矿渣掺量、相同深度混凝土的自由氯离子浓度均随时间的增大而增大。这说明虽然混凝土掺入矿渣导致结合氯离子浓度增大而自由氯离子浓度降低,但相对于随浸泡时间增长氯离子的扩散作用,自由氯离子浓度的总体趋势还是增大的。扩散区自由离子氯离子的浓度随着矿渣掺量的增加而逐渐增大,但增大趋势不明显。浸泡时间为 28 d 和 56 d 时氯离子扩散深度为 28 mm,浸泡时间为 120 d、150 d 和 180 d 时氯离子扩散深度为 30～33 mm。相比于未掺矿渣、水灰比为 0.5 的普通混凝

土，浸泡时间为 180 d 时扩散区深度降低了 1 mm。随着矿渣掺量的增加，混凝土孔隙结构更为紧凑密实，扩散区氯离子扩散深度减小，加之于表面 11 mm 深度范围内按每 1 mm 进行采样以及部分试验离散点的误差，没有观察到扩散区深度减小，而只有浸泡时间为 180 d 时的试验数据表明有所减小。

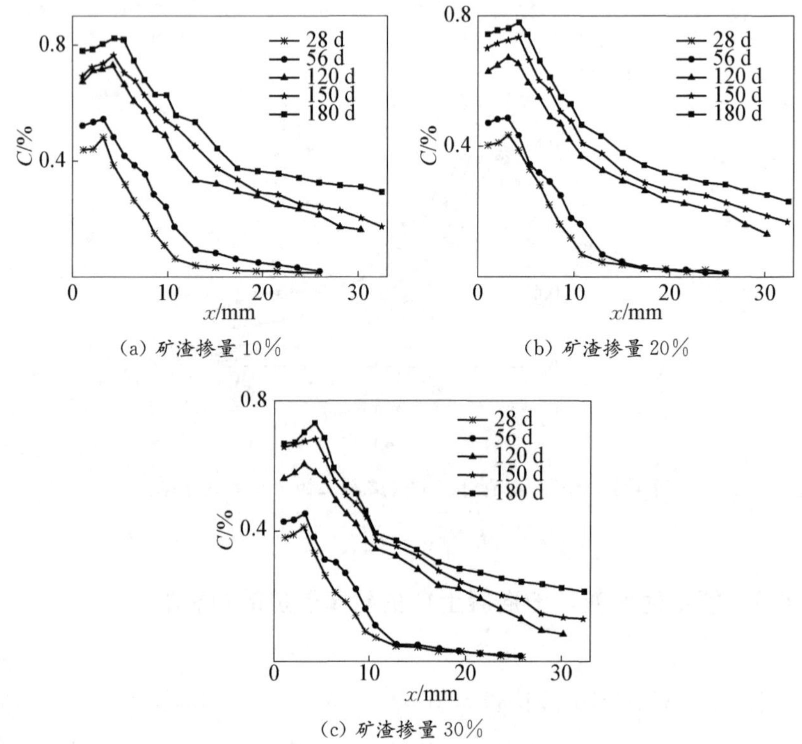

(a) 矿渣掺量 10%

(b) 矿渣掺量 20%

(c) 矿渣掺量 30%

图 4.17 不同浸泡时间矿渣混凝土的自由氯离子浓度

图 4.18 给出了不同浸泡时间情况下矿渣混凝土自由氯离子浓度峰值的变化曲线。可以看出，不同浸泡时间、相同矿渣掺量混凝土自由氯离子浓度的峰值均增大。而相同浸泡时间、不同矿渣掺量混凝土中，随着矿渣掺量的增加，峰值减小。原因是随着矿渣掺量的增加，混凝土微颗粒填充效应和火山灰效应更为明显，使混凝土整体结构更为致密，孔隙率减小，毛细管吸附能力减弱。从图 4.18 中还可以看出，随着浸泡时间的增加，10%

和30%矿渣掺量的混凝土中自由氯离子浓度峰值差逐渐增大，这可能是随着水泥水化反应与矿渣的二次水化反应趋于稳定，30%矿渣掺量混凝土相对于10%矿渣掺量混凝土产生的化学结合氯离子更多的缘故。

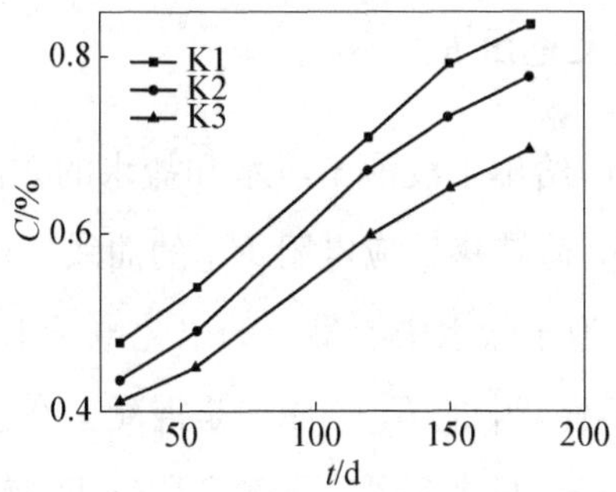

图 4.18 不同浸泡时间矿渣混凝土的自由氯离子浓度峰值

4.4.3 矿渣混凝土电化学阻抗谱分析

1. 孔隙溶液电解质电阻 R_s

图4.19(a)和(b)给出了浸泡在清水和盐水中矿渣混凝土电解质电阻 R_s 的曲线。R_s 与混凝土孔隙溶液中离子总浓度呈反比，与硬化浆体的总孔隙率也呈反比关系。对于浸泡在清水和盐水中的混凝土，随着浸泡时间和矿渣掺量的增加，矿渣混凝土的电解质电阻 R_s 均不断增大，说明混凝土中矿渣的主要活性成分 Al_2O_3 发生了二次水化反应，减少了混凝土的总体孔隙率。

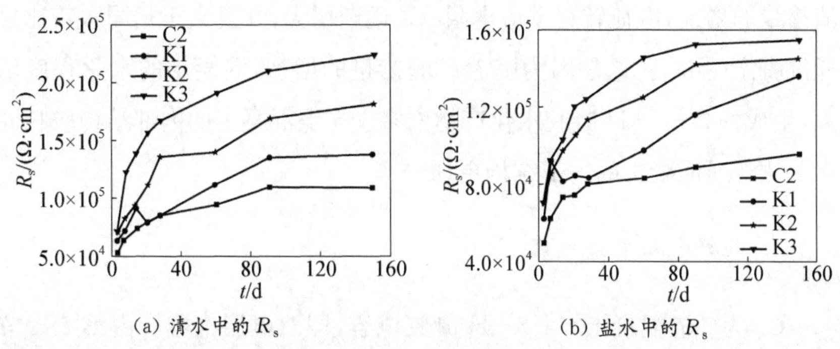

(a) 清水中的 R_s　　(b) 盐水中的 R_s

图 4.19 矿渣混凝土的 R_s 曲线

从图 4.19 中还可以看出，在矿渣掺量相同的条件下，浸泡在盐水中混凝土的孔溶液电解质电阻 R_s 比浸泡在清水中的 R_s 小，这是由于氯离子扩散进入矿渣混凝土的内部孔隙，增加了混凝土孔隙溶液中离子总数。

2. 电荷转移反应电阻 R_{ct}

图 4.20(a)和(b)给出了浸泡于清水和盐水的矿渣混凝土 C-S-H 凝胶中的水化电子电荷转移反应电阻 R_{ct} 的曲线。可以看出，在矿渣掺量相同的前提下，浸泡于盐水中混凝土的水化电子电荷转移反应的电阻 R_{ct} 明显小于浸泡于清水中的 R_{ct}。原因是混凝土在盐水中浸泡时，氯离子通过扩散进入 C-S-H 凝胶中，导致 C-S-H 凝胶中的离子数量增加以及 C-S-H 凝胶的电性质发生了改变。

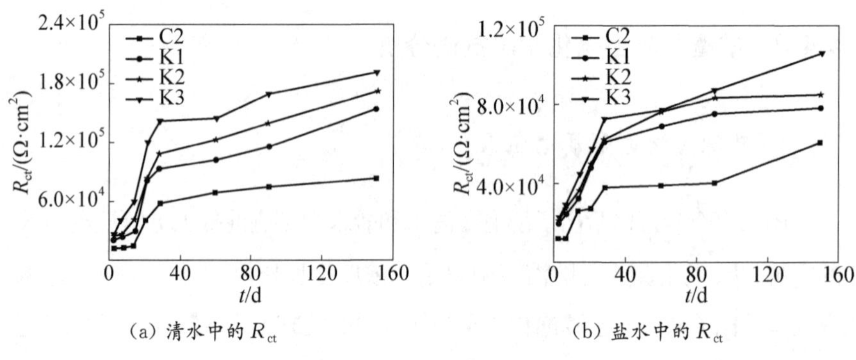

(a) 清水中的 R_{ct}　　(b) 盐水中的 R_{ct}

图 4.20　矿渣混凝土的 R_{ct} 曲线

从图 4.20 中还可以看出，在相同的浸泡条件下，随着浸泡时间和矿渣掺量的增加，电荷转移反应电阻 R_{ct} 逐渐增大，并且大于相同水灰比普通混凝土的 R_{ct}。这是因为随着矿渣掺量的增加，混凝土的水化程度增大，生成的 C-S-H 凝胶水化产物增多。矿渣混凝土的内部结构较相同水灰比普通混凝土的内部结构更加密实。

3. 混凝土双电层电容 C_d

C_d 为矿渣混凝土 C-S-H 凝胶电容，即双电层电容。由第 2.1 节可知,双电层电容 C_{d} 表达式为 $C_{\mathrm{d}}=K(\mathrm{j}\omega)^{-q}$,本节仍采用 K 和 q 表征双电层电容 C_{d} 的特性。普通混凝土的内部结构随着浸泡时间的增加而逐渐致密,常相角指数 q 趋近于 1;矿渣混凝土常相角指数因其内部结构比普通混凝土更致密,故而更趋近于 1。可根据常相角指数 q 数值的变化判断双电层电容所受的影响,如果 q 的数值变化很小,说明影响十分有限,因此可近似认为矿渣混凝土的常相角指数 q 为 1, 故讨论矿渣混凝土双电层电容 C_{d} 的性质,可仅讨论 K 值的变化,忽略常相角指数 q 的影响。

图 4.21(a)和(b)给出了浸泡于清水和盐水中矿渣混凝土 K 值的曲线。可以看出,在矿渣掺量相同的条件下,浸泡在盐水中混凝土的 K 值大于浸泡在清水中混凝土的 K 值,说明混凝土在浸泡于盐水的过程中,氯离子通过扩散进入混凝土的 C－S－H 凝胶,使 C－S－H 凝胶中的离子数量增加,导致双电层电容增大。从图中还可看出,在相同的浸泡条件下,矿渣混凝土的 K 值和普通混凝土的 K 值均没有显著的变化规律,说明矿渣的掺入对双电层电容的电性质影响很小。

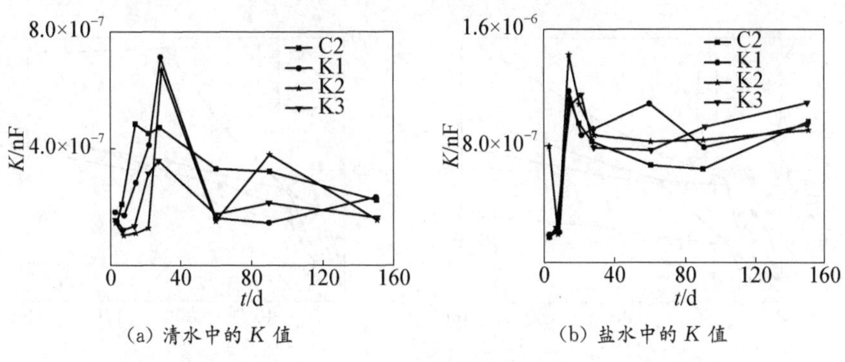

(a) 清水中的 K 值　　(b) 盐水中的 K 值

图 4.21　矿渣混凝土的 K 值

4. 扩散阻抗系数 δ

一般而言,混凝土材料的电化学体系均用准 Randle 型等效电路描述,扩散过程中的瓦博格阻抗 Z_{w} 发生变化,用 Z_{d} 表示,Z_{d} 的表达式为 $Z_{\mathrm{d}}=Q(\mathrm{j}\omega)^{-p}(0<p<1)$,其中 Q 为常数,与瓦博格阻抗 Z_{w} 中的 δ 相

当,因此可以利用阻抗扩散系数 δ 和常相角指数 p 来表征扩散阻抗的性质。常相角指数 p 由图 2.3(b)奈奎斯特曲线低频部分的直线与横轴的夹角(弧度)除以 $\pi/2$ 得到。图 4.22(a)和(b)给出了浸泡在清水和盐水中矿渣混凝土扩散阻抗系数 δ 值的变化曲线。δ 反映了水泥浆体中连通毛细结构的发展程度,以及离子在多孔介质中扩散所受到的阻力,与浆体的密实程度、毛细孔连通程度、孔结构复杂程度和孔隙溶液的离子浓度等因素相关。从图 4.22 中可以看出,在矿渣掺量相同的条件下,由于盐水中的氯离子通过扩散进入混凝土孔隙中,使得孔隙溶液中离子的数量增加,从而降低了自由离子在孔隙中的扩散阻力。浸泡在盐水中矿渣混凝土的 δ 值小于清水中的 δ 值。

从图 4.22 中还可以看出,在相同的浸泡环境下,矿渣混凝土的扩散阻抗系数 δ 大于普通混凝土的 δ 值,并且随着矿渣掺量和浸泡时间的增加逐渐增大。这是因为矿渣混凝土内部毛细孔的连通程度由于矿渣的填充效应、密实效应和二次水化作用而降低的缘故。

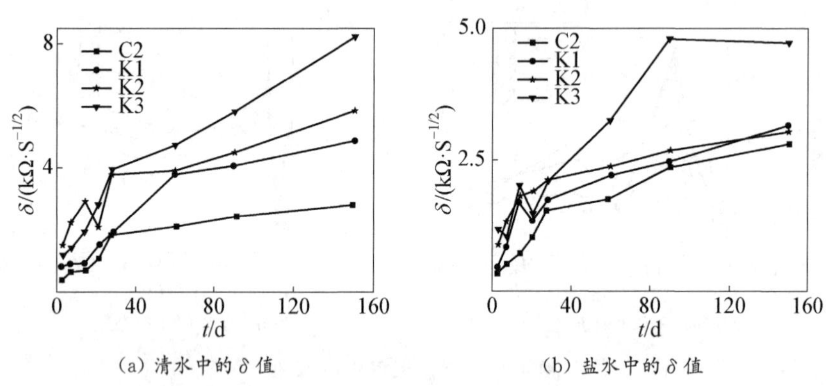

(a) 清水中的 δ 值　　(b) 盐水中的 δ 值

图 4.22　矿渣混凝土的 δ 值

表 4.9 和表 4.10 给出了浸泡于清水和盐水中矿渣混凝土的分形维数 d 和常相角指数 p。常相角指数 p 表征混凝土的微观孔结构特征,分形维数 d 表征混凝土的填充能力和复杂程度[54]。从表 4.9 和表 4.10 可以看出,在矿渣掺量相同的条件下,两种浸泡环境中混凝土的分形维数 d 和常

相角指数 p 没有显著变化，这是因为盐水中的氯离子扩散进入混凝土后，对其微观孔隙结构特性影响不显著，仅仅导致内部离子数量增加，并未改变孔隙填充能力和复杂程度。在相同的浸泡环境下，矿渣混凝土的常相角指数 p 略大于普通混凝土的 p，且随着矿渣掺量的增加而增大，说明矿渣混凝土的微观孔结构比普通混凝土的微观结构更密实、更接近于三维体系。

表 4.9　矿渣混凝土在清水中的分形维数 d 和常相角指数 p

浸泡时间/d	C2		K1		K2		K3	
	p	d	p	d	p	d	p	d
0	0.81	3.21	0.84	3.18	0.84	3.18	0.86	3.16
7	0.84	3.18	0.85	3.17	0.85	3.17	0.82	3.20
14	0.87	3.15	0.86	3.16	0.85	3.15	0.87	3.15
21	0.86	3.16	0.88	3.14	0.86	3.16	0.87	3.15
28	0.87	3.15	0.88	3.14	0.89	3.13	0.87	3.15
60	0.87	3.15	0.89	3.13	0.88	3.14	0.90	3.12
90	0.84	3.16	0.92	3.10	0.92	3.10	0.93	3.09
150	0.88	3.14	0.91	3.11	0.94	3.08	0.95	3.07

表 4.10　矿渣混凝土在盐水中的分形维数 d 和常相角指数 p

浸泡时间/d	C2		K1		K2		K3	
	p	d	p	d	p	d	p	d
0	0.81	3.21	0.82	3.20	0.82	3.20	0.86	3.16
7	0.80	3.22	0.84	3.18	0.85	3.17	0.87	3.15
14	0.83	3.19	0.87	3.15	0.87	3.15	0.84	3.18
21	0.84	3.18	0.87	3.15	0.85	3.17	0.88	3.14
28	0.86	3.16	0.87	3.15	0.88	3.12	0.89	3.13
60	0.87	3.15	0.89	3.13	0.90	3.13	0.91	3.11
90	0.87	3.15	0.92	3.10	0.92	3.07	0.93	3.09
150	0.88	3.14	0.91	3.11	0.92	3.09	0.94	3.08

4.5 粉煤灰/矿渣混凝土氯离子扩散和电化学阻抗分析

4.5.1 粉煤灰/矿渣混凝土自由氯离子扩散的影响

图 4.23 给出了不同浸泡时间(28 d、56 d、120 d、150 d 和 180 d)单掺 30%的粉煤灰和矿渣混凝土与复掺 20%矿渣和 10%粉煤灰混凝土的自由氯离子浓度曲线，其中混凝土水胶比均为 0.5。可以看出，不同浸泡时间混凝土的自由氯离子浓度均先增大后减小；复掺矿物掺和料混凝土对流区和扩散区的自由氯离子浓度比单掺 30%粉煤灰或者单掺 30%矿渣混凝土的低，这主要是由于粉煤灰与矿渣的颗粒大小不同，使水化反应后的微颗粒填充效应更为明显，整体结构更加致密。由文献[70]可知，孔径为 50～200 nm 的孔为有害孔，对氯离子的扩散最有利，掺加粉煤灰和矿渣会使有害孔减少，结构更为致密，降低了氯离子的毛细吸收和氯离子扩散的速度[71]。同时掺加粉煤灰和矿渣，会使其成分中的 SiO_2、Al_2O_3 与水泥水化产物 $Ca(OH)_2$ 的反应更为充分，生成的结合氯离子的水化硅酸钙和水化铝酸钙更多，从而降低了复掺混凝土自由氯离子的浓度。相对于单掺粉煤灰的情况，矿渣混凝土的自由氯离子浓度相对较低，原因是水化稳定的后期，矿渣的活性相对较强，水化反应更为剧烈，混凝土的孔隙率更低。

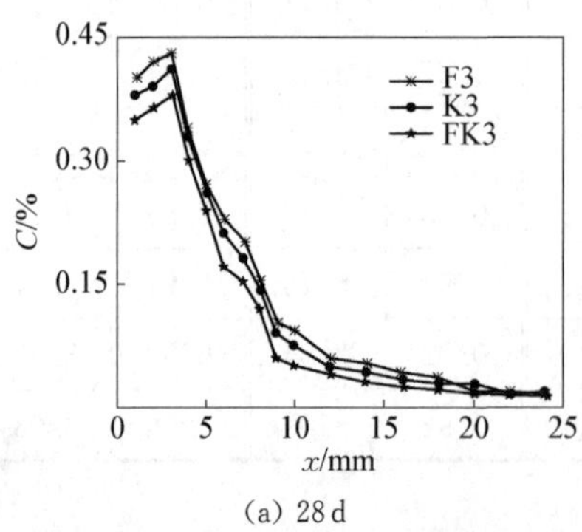

(a) 28 d

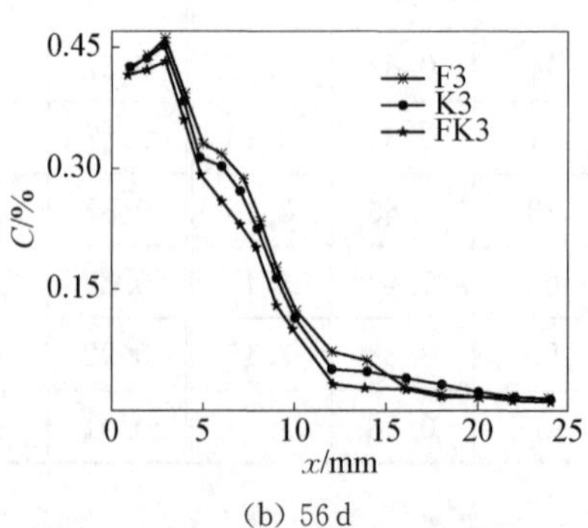

(b) 56 d

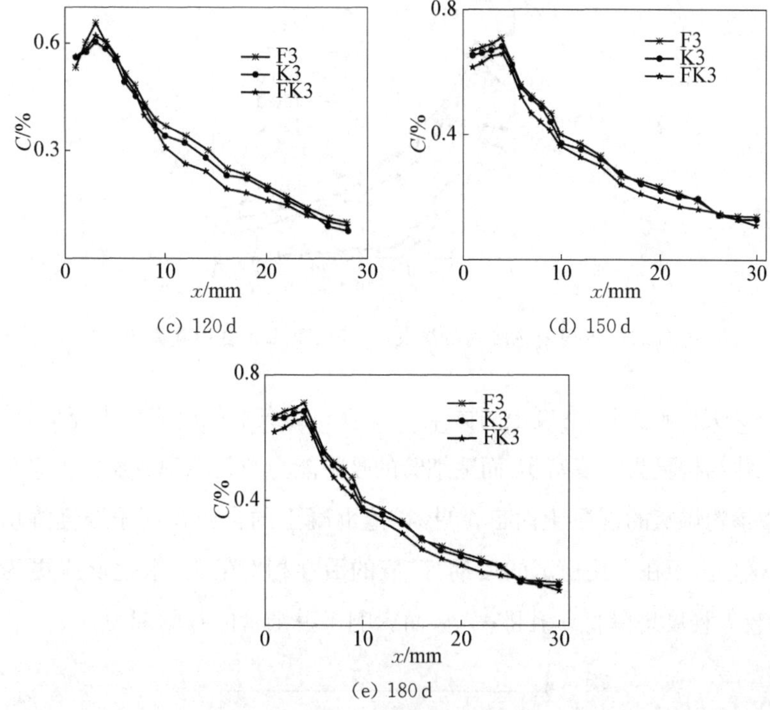

(c) 120 d
(d) 150 d
(e) 180 d

图 4.23 不同浸泡时间粉煤灰/矿渣混凝土的自由氯离子浓度

4.5.2 浸泡时间对粉煤灰/矿渣混凝土自由氯离子扩散的影响

图 4.24 给出了掺 10％粉煤灰、20％矿渣的混凝土在不同浸泡时间(28 d、56 d、120 d、150 d 和 180 d)时自由氯离子浓度的分布曲线。扩散区氯离子的侵蚀深度在浸泡时间为 28 d、56 d 时为 25 mm，120 d 时为 28 mm，150 d 和 180 d 时为 30 mm，相比单掺 30％粉煤灰或单掺 30％矿渣的情况，扩散区深度减小。

图 4.25 给出了单掺 30％粉煤灰和单掺 30％矿渣混凝土与复掺 20％矿渣和 10％粉煤灰混凝土自由氯离子浓度峰值的变化曲线。可以看出，不同浸泡时间复掺混凝土的自由氯离子浓度峰值发生了变化，从 0.38％增长到 0.7％。相对于单掺 30％粉煤灰或者单掺 30％矿渣的混凝土，复掺混凝土在相同浸泡时间下的自由氯离子浓度峰值总体较低。其原因是同时掺

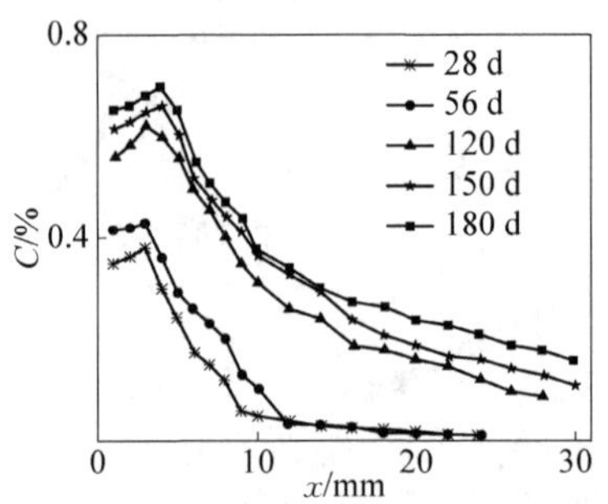

图 4.24 不同浸泡时间粉煤灰/矿渣混凝土的自由氯离子浓度

加粉煤灰和矿渣时,混凝土的微集料效应和二次水化反应更为充分,使整体孔隙结构更为紧凑密实,而毛细管的吸附能力与孔隙率成反比关系。相对单掺粉煤灰的混凝土而言,单掺矿渣混凝土的自由氯离子浓度峰值要低,这是由于在水化稳定的后期,矿渣的活性相对较强,水化反应更为剧烈,较大程度地降低了孔隙率,从而影响了毛细管的吸附能力。

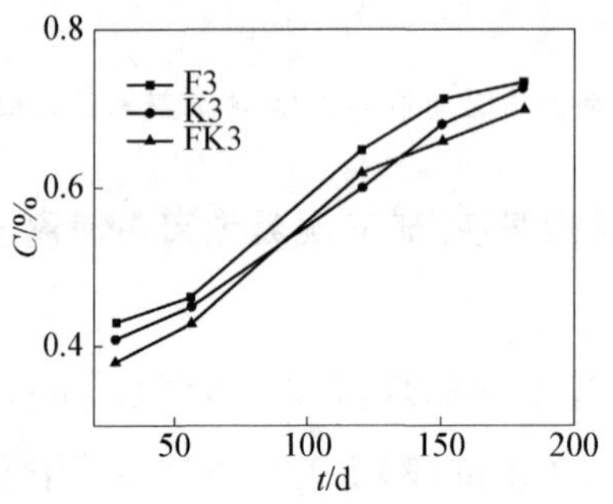

图 4.25 不同浸泡时间粉煤灰/矿渣混凝土的自由氯离子浓度峰值

4.5.3 粉煤灰/矿渣混凝土电化学阻抗谱分析

1. 孔隙溶液电解质电阻 R_s

图 4.26(a)和(b)给出了浸泡于清水和盐水中单掺 30%粉煤灰、单掺 30%矿渣混凝土与复掺粉煤灰和矿渣混凝土孔隙溶液电解质电阻 R_s

的曲线。可以看出，复掺混凝土的孔隙溶液电解质电阻 R_s 与单掺 30％粉煤灰、单掺 30％矿渣的混凝土具有相同的变化规律。在相同浸泡时间条件下，浸泡在盐水中掺加矿物掺和料的混凝土孔隙溶液电解质电阻 R_s 比浸泡在清水中的 R_s 小。这是由于盐水中的氯离子扩散进入混凝土的内部孔隙，增加了混凝土孔隙溶液中离子总数。

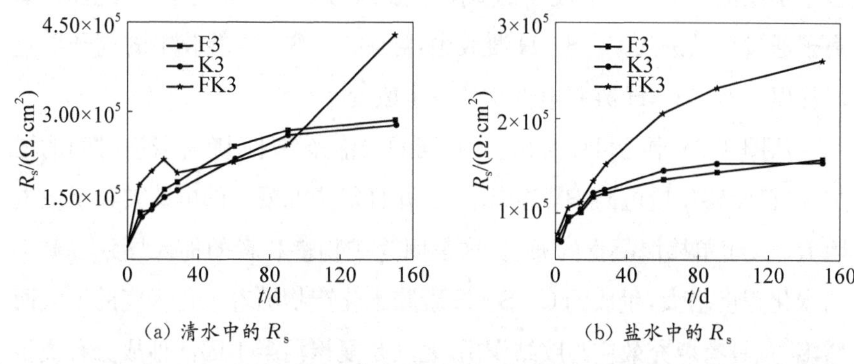

(a) 清水中的 R_s　　(b) 盐水中的 R_s

图 4.26　粉煤灰/矿渣混凝土的 R_s 曲线

从图 4.26 还可以看出，在相同的浸泡环境中，单掺 30％粉煤灰的混凝土、单掺 30％矿渣的混凝土和复掺粉煤灰和矿渣混凝土的电解质电阻 R_s 均随着浸泡时间的增加而增大，说明混凝土中粉煤灰和矿渣的主要活性成分 SiO_2、Al_2O_3 等发生了二次水化反应，生成了水化硅酸钙和水化铝酸钙等，减小了混凝土的总孔隙率。同时，复掺混凝土的孔隙溶液电解质电阻 R_s 大于图 4.12 和图 4.19 中相同掺量单掺粉煤灰和单掺矿渣混凝土的情况，原因是复掺混凝土中粉煤灰和矿渣两种掺和料的活性成分同时起作用，而单掺粉煤灰或单掺矿渣的混凝土中只有一种掺和料的活性成分起作用。

2. 电荷转移反应电阻 R_{ct}

图 4.27(a)和(b)给出了浸泡于清水和盐水中复掺粉煤灰和矿渣混凝土孔隙溶液电解质电阻 R_{ct} 的曲线。可以看出，复掺混凝土的电荷转移反应电阻 R_{ct} 与单掺 30％粉煤灰、单掺 30％矿渣混凝土的 R_{ct} 变化规

律基本相同。在相同的浸泡条件下，复掺混凝土的电荷转移反应电阻 R_{ct} 大于图 4.13、图 4.20 中相同掺量单掺粉煤灰、单掺矿渣混凝土的电阻 R_{ct}，说明由于多活性成分的作用，复掺混凝土的水化程度高于相同掺量单掺粉煤灰、单掺矿渣混凝土的水化程度。在相同浸泡时间下，浸泡于盐水中的不同掺和料混凝土水化电子进行电荷转移反应的电阻 R_{ct} 明显小于浸泡于清水中混凝土的 R_{ct}，这是因为混凝土在盐水中浸泡时，氯离子通过扩散进入 C-S-H 凝胶中，导致 C-S-H 凝胶中的离子数量增加以及 C-S-H 凝胶电性质发生了改变。

从图 4.27 中还可以看出，在相同的浸泡条件下，随着浸泡时间的增加，电荷转移反应电阻 R_{ct} 逐渐增大，并且复掺混凝土的电荷转移反应电阻 R_{ct} 大于单掺混凝土的 R_{ct}。这是因为矿物掺和料的加入导致混凝土的水化程度增大，生成的 C-S-H 凝胶水化产物随着水化程度的增大而增多，且具有填充效应与胶结作用，尤其是复掺混凝土因活性成分种类更多，其内部结构较单掺粉煤灰和单掺矿渣混凝土的内部结构更加密实。

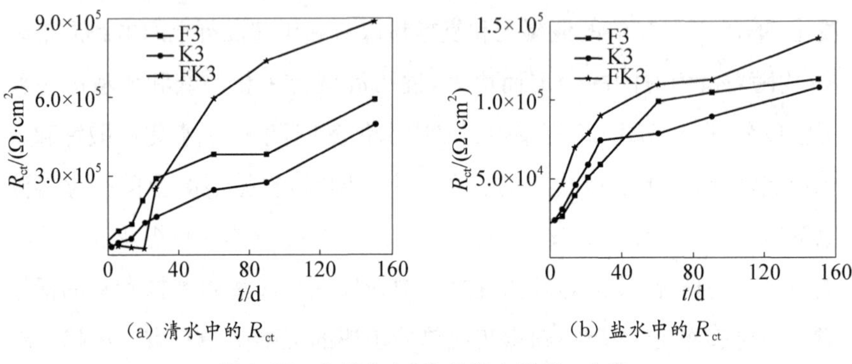

(a) 清水中的 R_{ct}　　(b) 盐水中的 R_{ct}

图 4.27　粉煤灰/矿渣混凝土的 R_{ct} 曲线

3. 混凝土双电层电容 C_d

图 4.28(a)和(b)给出了浸泡于清水和盐水中单掺 30%粉煤灰、单掺 30%矿渣和复掺粉煤灰/矿渣混凝土的 C-S-H 凝胶双电层电容 C_d 的 K 值变化。由 2.1 节可知，双电层电容 C_d 的表达式为 $C_d = K(j\omega)^{-q}$，

因此仍采用 K 和 q 表征双电层电容 C_d。从图 4.28 中可以看出，在相同的浸泡条件下，三种不同矿物掺和料混凝土的 K 值无显著变化规律，说明矿渣/粉煤灰的掺入对 C-S-H 凝胶的电性质影响不明显；浸泡于盐水中的三种不同矿物掺和料混凝土的 K 值均大于浸泡于清水中的 K 值，说明氯离子扩散进入混凝土的 C-S-H 凝胶中，增大了 C-S-H 凝胶的电容，提高了 C-S-H 凝胶的电活性。研究发现，复掺混凝土比单掺粉煤灰、单掺矿渣的混凝土更密实，由前述可知，单掺粉煤灰、单掺矿渣的混凝土常相角指数 q 接近 1，因此可认为复掺混凝土的常相角指数 q 为 1。

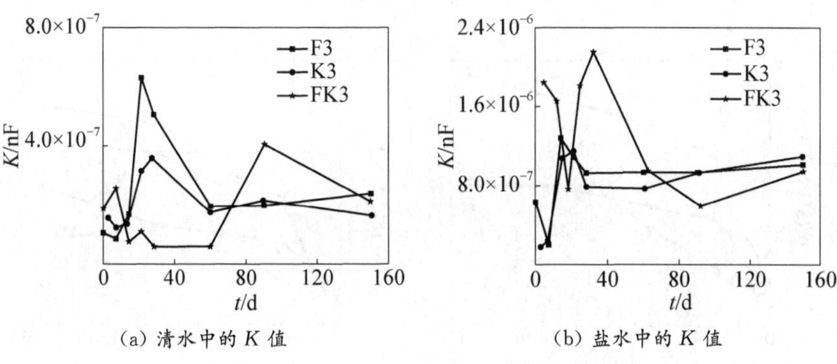

(a) 清水中的 K 值　　(b) 盐水中的 K 值

图 4.28　粉煤灰/矿渣混凝土的 K 值

4. 扩散阻抗系数 δ

一般而言，混凝土材料的电化学体系均用准 Randle 型等效电路描述，此时扩散过程中的瓦博格阻抗 Z_w 发生变化后用 Z_d 表示，表达式为 $Z_d = Q(j\omega)^{-p}(0 < p < 1)$，其中 Q 为常数，与瓦博格阻抗 Z_w 中的 δ 相当，因此可以利用扩散阻抗系数 δ 和常相角指数 p 来表征扩散阻抗的性质。常相角指数 p 由图 2.3(b)奈奎斯特曲线低频部分的直线与横轴的夹角(弧度)除以 $\pi/2$ 得到。图 4.29(a)和(b)给出了浸泡于清水和盐水中单掺 30%粉煤灰、单掺 30%矿渣和复掺粉煤灰和矿渣混凝土扩散阻抗系数 δ 的变化曲线。δ 值反映了水泥浆体中连通的毛细结构的发展程

度，以及离子在多孔介质中扩散所受到的阻力，与浆体密实程度、毛细孔连通程度、孔结构复杂程度和孔隙溶液的离子浓度等因素相关。可以看出，复掺混凝土的扩散阻抗系数 δ 与单掺 30%粉煤灰、单掺 30%矿渣混凝土的 δ 具有相同的变化规律。在相同的浸泡时间下，复掺混凝土的扩散阻抗系数 δ 大于单掺 30%粉煤灰、单掺 30%矿渣混凝土的扩散阻抗系数 δ，这是因为复掺混凝土的毛细孔连通程度更低，离子在混凝土孔结构中的扩散阻力更大。另外，复掺混凝土的扩散阻抗系数 δ 大于图 4.15 和图 4.22 中相同掺量单掺粉煤灰和单掺矿渣混凝土的扩散阻抗系数 δ，这是由于复掺混凝土活性成分更多、水化作用使其内部毛细孔的连通程度较相同掺量的单掺粉煤灰和单掺矿渣混凝土更低。

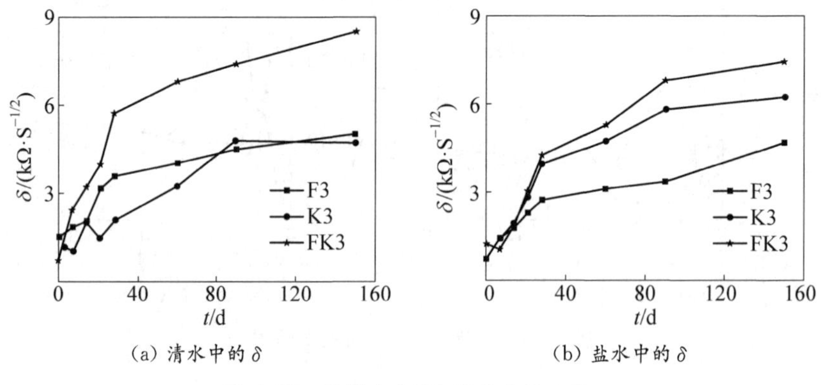

(a) 清水中的 δ　　(b) 盐水中的 δ

图 4.29　粉煤灰/矿渣混凝土的 δ 值

从图 4.29 中还可看出，由于盐水中的氯离子通过扩散进入到混凝土孔隙结构中，使得孔隙溶液中离子的数量增加，从而降低了自由离子在孔隙结构中的扩散阻力，根据文献[121—122]可知，扩散阻抗系数 δ 和氯离子浓度成反比，所以浸泡于盐水环境中的三种矿物掺和料混凝土的扩散阻抗系数 δ 小于浸泡于清水的 δ。

表 4.11 和表 4.12 分别给出了浸泡于清水和盐水中三种掺和料混凝土的常相角指数 p 和分形维数 d。常相角指数 p 表征混凝土的微观孔结构特征，分形维数 d 表征混凝土的填充能力和复杂程度[54]。从表 4.11 和表 4.12 可以看出，对于三种不同掺和料的混凝土，盐水浸泡环境

中分形维数 d 和常相角指数 p 没有显著变化，说明盐水中的氯离子通过扩散进入混凝土中，对混凝土的孔隙结构性质影响不显著，仅仅导致内部离子数量增加，未改变孔隙结构的填充能力和复杂程度。在相同的浸泡条件下，复掺混凝土的常相角指数 p 略大于单掺矿物掺和料混凝土的 p，且大于表 4.7、表 4.8 和表 4.9、表 4.10 中相同掺量的单掺粉煤灰、单掺矿渣混凝土的 p，说明复掺混凝土的微观孔结构比单掺粉煤灰和单掺矿渣混凝土的微观结构更密实、更接近于三维体系。

表 4.11　粉煤灰/矿渣混凝土在清水中的分形维数 d 和常相角指数 p

浸泡时间/d	F3		K3		FK3	
	d	p	d	p	d	p
0	3.16	0.85	3.16	0.86	3.19	0.85
7	3.17	0.87	3.20	0.82	3.15	0.87
14	3.16	0.86	3.15	0.87	3.16	0.87
21	3.15	0.86	3.15	0.87	3.15	0.87
28	3.15	0.90	3.15	0.88	3.13	0.90
60	3.12	0.91	3.12	0.89	3.11	0.91
90	3.10	0.93	3.09	0.93	3.08	0.94
150	3.07	0.96	3.07	0.95	3.05	0.95

表 4.12　粉煤灰/矿渣混凝土在盐水中的分形维数 d 和常相角指数 p

浸泡时间/d	F3		K3		KF3	
	d	p	d	p	d	p
0	3.17	0.85	3.16	0.86	3.18	0.85
7	3.15	0.87	3.15	0.87	3.15	0.87
14	3.16	0.84	3.17	0.83	3.15	0.86
21	3.14	0.86	3.13	0.87	3.14	0.86
28	3.14	0.88	3.13	0.89	3.12	0.90

（续表）

浸泡时间/d	F3		K3		KF3	
	d	p	d	p	d	p
60	3.13	0.89	3.11	0.91	3.11	0.91
90	3.09	0.93	3.09	0.93	3.09	0.93
150	3.07	0.93	3.07	0.93	3.04	0.96

4.6　混凝土氯离子浓度与电化学参数的关系

海洋环境中钢筋混凝土结构的耐久性失效，主要原因是钢筋锈蚀。钢筋锈蚀的原因主要是受到氯离子侵蚀，钢筋表面氯离子的浓度决定了钢筋的脱钝和腐蚀速度。因此，对海洋环境中的已有钢筋混凝土结构耐久性评估，确定混凝土中氯离子的浓度非常重要。

本章的研究表明，混凝土中氯离子的浓度与混凝土等效电路的电化学参数有密切的关系。因此，可以根据实测得到的混凝土电化学参数估计混凝土中氯离子的浓度。

图 4.30 给出了试验得到的在综合考虑电化学阻抗谱参数(R_s、R_{ct}、δ)、掺和料占比、水胶比、时间等因素的情况下不同深度处混凝土自由氯离子的浓度，具体计算公式如下：

$$C=\frac{(0.0011x^{2.86}+0.94)(21.34w/b+0.153t-1.93)}{(0.00352x^{3.6}+1)(R_{ct}^{0.00454}+\delta^{0.294})(0.008a_f+0.0155a_k+R_s^{0.0016})^{25.6}} \tag{4.1}$$

式中，C 为氯离子浓度，x 为氯离子扩散深度，w/b 为试件的水胶比，t 为时间，R_{ct} 为混凝土电荷转移反应电阻，R_s 为混凝土孔溶液电解质电阻，δ 为混凝土扩散系数，a_f 为粉煤灰掺量占比，a_k 为矿渣掺量占比。

针对浸泡时间为 120 d 的情况，图 4.31 给出了四种混凝土（普通混

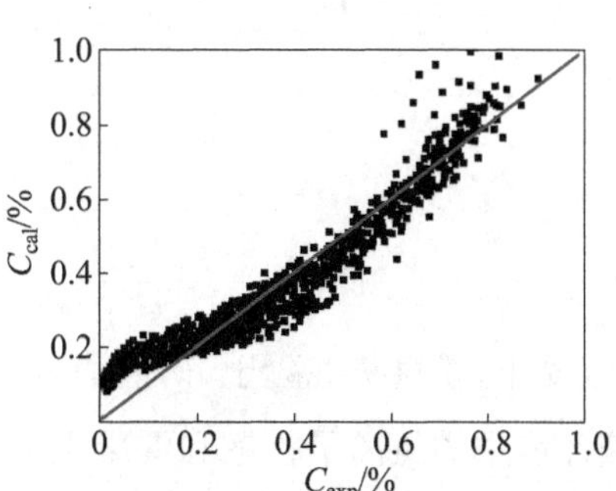

图 4.30　试验值与计算值回归效果图

凝土、粉煤灰混凝土、矿渣混凝土和粉煤灰/矿渣混凝土)中氯离子浓度实测值与计算值的比较。由图 4.31 可以看出,式(4.1)的计算精度较好。需要说明的是,本章只是探讨用实测的混凝土电化学参数预测混凝土中氯离子浓度的可行性,实际工程中的情况要比实验室试验条件复杂得多,还需进行更为深入的研究。

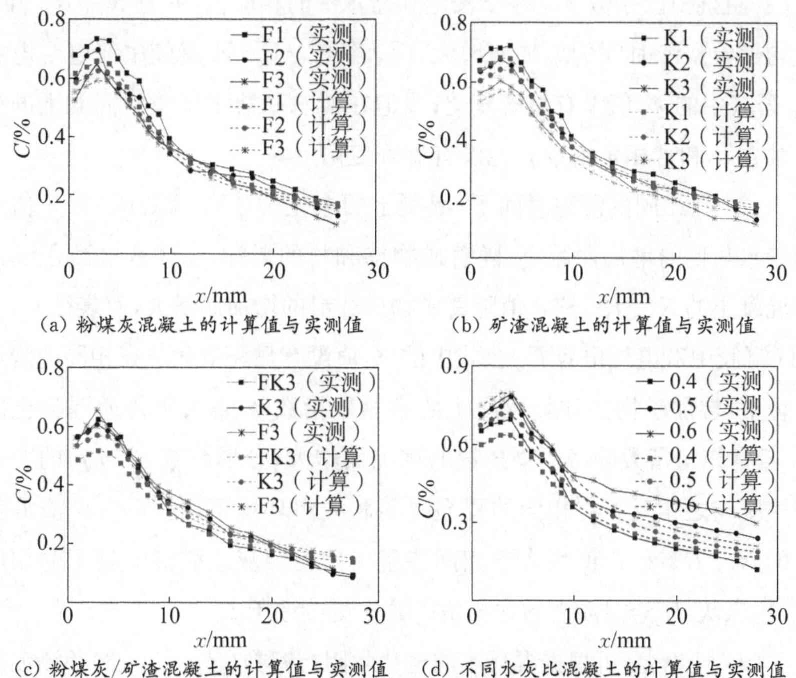

(a) 粉煤灰混凝土的计算值与实测值　(b) 矿渣混凝土的计算值与实测值

(c) 粉煤灰/矿渣混凝土的计算值与实测值　(d) 不同水灰比混凝土的计算值与实测值

图 4.31　120 d 时混凝土中氯离子浓度计算值与实测值的比较

4.7 本章小结

本章针对普通混凝土、粉煤灰混凝土、矿渣混凝土和粉煤灰/矿渣混凝土，研究了模拟液环境中的氯离子扩散和混凝土电化学特性。本章主要结论如下：

(1) 混凝土中氯离子的扩散速率随着水灰比的增加而增大。不同浸泡时间下混凝土氯离子浓度沿深度分布曲线的峰值大致符合对数规律。对于掺加矿物掺和料的混凝土，相同深度处自由氯离子的浓度随矿物掺和料掺量的增加而减小，扩散区的长度增大。

(2) 浸泡在清水中不同水灰比普通混凝土、粉煤灰混凝土、矿渣混凝土和粉煤灰/矿渣混凝土的孔隙溶液电解质电阻 R_s、电荷转移反应电阻 R_{ct} 和阻抗扩散系数 δ 均小于浸泡在盐水中的相应值，并且 R_s、R_{ct} 和 δ 值均随着浸泡时间的增加而增大；而表征 C-S-H 凝胶中双电层电容 C_d 公式中的 K 值没有显著变化；浸泡在清水和盐水环境中混凝土的分形维数 d 和常相角指数 p 也没有显著变化。

(3) 在相同的浸泡时间下，混凝土的电化学参数 R_s、R_{ct} 和 δ 值均随着水灰比的增加而减小；随着矿物掺和料的增加，粉煤灰混凝土和矿渣混凝土的 R_s、R_{ct} 和 δ 值随着矿物掺和料的增加而增大，而表征 C-S-H 凝胶中双电层电容 C_d 公式中的 K 值没有显著变化。在相同的浸泡环境下，掺加矿物掺和料混凝土的常相角指数 p 略大于普通混凝土的 p，且常相角指数随着矿物掺量的增加而增大，分形维数 d 与 p 的变化规律则与之相反。在相同的浸泡时间和浸泡环境下，粉煤灰/矿渣混凝土的 R_s、R_{ct} 和 δ 值均大于相同掺量单掺粉煤灰或矿渣混凝土的相应值，粉煤灰/矿渣混凝土的常相角指数 q 更接近于 1。

(4) 理论上，可根据混凝土的电化学阻抗参数(R_s、R_{ct}、δ)预测混凝土中自由氯离子的浓度。

5

混凝土孔隙模拟液中钢筋的腐蚀电化学分析

海洋环境下钢筋混凝土的孔隙溶液中存在大量氯离子，它们是钢筋遭受侵蚀的重要原因[198-210]，严重影响钢筋混凝土结构的耐久性。在正常条件下，钢筋表面会形成一层致密的钝化膜对钢筋起到保护作用，使免遭外界环境的腐蚀。然而，钢筋表面的钝化膜会在较低的 pH 值和游离氯离子侵蚀下遭到破坏，从而使钢筋失去保护，钢筋表面逐渐被腐蚀。因此，研究海洋环境下钢筋混凝土中钢筋的钝化、脱钝和腐蚀具有重要意义。

本章利用电化学方法分别研究碳钢钢筋的钝化过程、脱钝过程以及腐蚀过程。首先，采用腐蚀电位分析法和电化学阻抗谱法分析钢筋的钝化过程，判断形成钝化膜的最小 pH 值区间。然后，利用腐蚀电位法、腐蚀电流法、电化学阻抗谱法分析钢筋的脱钝过程；最后，钢筋腐蚀过程可分为钝化阶段、腐蚀萌生阶段、腐蚀稳定阶段和腐蚀恶化阶段。

5.1 钢筋材料和试验过程

5.1.1 试验材料

试验采用普通的碳钢钢筋，化学成分如表 5.1 所示。

表 5.1　碳钢钢筋化学成分(质量分数%)

元素	C	S	P	Mn	Si	Fe
含量	0.25	0.045	0.045	1.6	0.8	其余

5.1.2　钢筋电化学试验

将钢筋加工成尺寸为 10 mm×10 mm×3 mm 的试样，在试样背面焊接铜导线，除试样正面外，焊接面和侧面使用环氧树脂密封。将试样在干燥器中放置 24 h，使环氧树脂充分固化。待环氧树脂充分固化后，分别使用 240＃、360＃、600＃、800＃和 1000＃的水砂纸打磨试样表面，用电吹风将试样吹干。之后用室温固化硅橡胶涂覆试样侧面与环氧树脂之间的缝隙，以防止电化学测试过程中试样发生缝隙腐蚀影响测量结果。

根据混凝土孔隙溶液的离子成分[211-216]，采用 0.6 mol・L^{-1} KOH＋0.2 mol・L^{-1} NaOH＋0.001 mol・L^{-1} $Ca(OH)_2$ 的三体系混合溶液模拟混凝土的孔隙溶液，研究钢筋表面钝化膜成膜及脱钝过程，通过 $NaHCO_3$、NaCl 调节孔隙模拟液的碱度和氯离子浓度。不同 pH 值孔隙模拟液的组成成分如表 5.2 所示。利用 pH 计检测模拟液的 pH 值。配制混凝土孔隙模拟液所用的 KOH、NaOH、$Ca(OH)_2$ 和 $NaHCO_3$ 等均为分析纯试剂，质量和技术指标如表 5.3～表 5.7 所示。

表 5.2　混凝土孔隙模拟液组成(mol・L^{-1})

pH 值	KOH	NaOH	$Ca(OH)_2$	$NaHCO_3$
13.6	0.60	0.20	0.0010	—
13.0	0.30	0.10	0.0005	0.0121
12.6	0.06	0.02	0.0001	0.0242

(续表)

pH 值	KOH	NaOH	$Ca(OH)_2$	$NaHCO_3$
12.0	0.06	0.02	0.0001	0.0537
11.6	0.06	0.02	0.0001	0.0766
10.6	0.06	0.02	0.0001	0.0799

表 5.3 氢氧化钾(KOH)试剂质量指标(%)

含量	碳酸盐	氯化物	硫酸盐	总氮量	磷酸盐
≥90.0	≤1.5	≤0.01	≤0.005	≤0.001	≤0.005
硅酸盐	钠	铅	钙	铁	镍
≤0.02	≤2.0	≤0.005	≤0.005	≤0.001	≤0.005

表 5.4 氢氧化钠(NaOH)试剂质量指标(%)

含量	碳酸盐	氯化物	硫酸盐	总氮量	磷酸盐
≥98.0	1.5	≤0.005	≤0.005	≤0.001	≤0.001
硅酸盐	钠	铅	钙	铁	重金属
≤0.01	≤0.5	≤0.002	≤0.01	≤0.001	≤0.003

表 5.5 氢氧化钙[$Ca(OH)_2$]试剂质量指标(%)

盐酸不溶物	含量	氯化物	硫化合物	铁	重金属	镁盐	沉淀物
≤0.05	≥94.0	≤0.01	≤0.2	≤0.01	≤0.002	≤0.5	≤0.25

表 5.6 碳酸氢钠($NaHCO_3$)试剂质量指标(%)

含量	钙	水不溶物	氯化物	硫酸盐	总氮量
≥99.5	≤0.07	≤0.01	≤0.002	≤0.005	≤0.001

表 5.7 去离子水技术指标(%)

外观	锰含量	氯含量	铁含量	硝酸及亚硝酸盐	铵含量	碱土金属氧化物	灼烧渣含量
无色透明	$\leqslant 10^{-5}$	≤0.0005	≤0.0004	≤0.0003	≤0.0008	≤0.005	≤0.01

为分析钢筋表面钝化膜成膜的碱性环境条件及成膜时间，将钢筋电极放入表 5.8 不同 pH 值的孔隙模拟液中，浸泡过程中密封保存，每天定时取出，利用电化学分析装置测试开路电位和阻抗特性曲线，分析钢筋的钝化过程和所需时间。

表 5.8 钢筋成膜及其浸泡的孔隙模拟液

混凝土孔隙模拟液 pH 值	碳钢电极编号
11.6	ST1-1、ST1-2、ST1-3、ST1-4
12.0	ST2-1、ST2-2、ST2-3、ST2-4
12.6	ST3-1、ST3-2、ST3-3、ST3-4
13.6	ST4-1、ST4-2、ST4-3、ST4-4

为测试和分析钢筋的脱钝和腐蚀过程，将工作电极用保鲜膜密封在容器中，以降低孔隙模拟液的碳化程度。为防止钢筋浸泡过程中电极与容器壁接触，容器壁周围铺垫一定厚度的泡棉。之后，将钢筋预钝化 10 d，使其充分钝化，形成稳定的钝化膜。将钝化的钢筋电极放入不同 pH 值的孔隙模拟液中，每天定时向孔隙模拟液添加一定量的 NaCl，加入 NaCl 后搅拌均匀并等待 30 min，然后进行测量。试件编号和浸泡添加的 NaCl 含量如表 5.9 所示。

表 5.9 钢筋脱钝及浸泡的孔隙模拟液

混凝土孔隙模拟液 pH 值	钢筋电极试件编号	每天加入 NaCl 的含量 ($mol \cdot L^{-1}$)
12.0	TD1-1、TD1-2、TD1-3、TD1-4	0.02
12.6	TD2-1、TD2-2、TD2-3、TD2-4	0.02
13.6	TD3-1、TD3-2、TD3-3、TD3-4	0.02

5.2 混凝土孔隙模拟液中钢筋表面钝化电化学分析

本节针对混凝土孔隙模拟液中钢筋的钝化过程进行研究。首先，调整孔隙模拟液的 pH 值，对孔隙模拟液中钝化钢筋的电化学特性进行分析，得出使钢筋钝化的最小 pH 值，同时分析 pH 最小时孔隙模拟液中钢筋未钝化时的电化学特性。通过观察孔隙模拟液中钢筋的腐蚀电位（即开路电位）和极化电阻的变化，判断钢筋是否达到完全钝化状态，即能否形成一层致密的保护膜对钢筋起到保护和隔离作用。

5.2.1 腐蚀电位分析

图 5.1 给出了不同 pH 值孔隙模拟液中钢筋 ST1、ST2、ST3、ST4 四个样品的腐蚀电位 E_{corr}（开路电位）变化曲线。从图 5.1(a)可以看出，在 pH 值为 11.6 的孔隙模拟液中，腐蚀电位随着浸泡时间的增加出现无规律的变化，其中一个样品的腐蚀电位起始值为－430 mV（饱和甘汞电极），浸泡 8 d 后，其腐蚀电位为－790 mV，腐蚀电位不仅没有稳定变小，而且整体波动范围较大，表明钢筋在 pH 值为 11.6 的孔隙模拟液中无法达到稳定的钝化状态，出现了腐蚀。

图 5.1(b)(c)(d)分别给出了钢筋在 pH 值为 12.0、12.6 和 13.6 的孔隙模拟液中腐蚀电位 E_{corr} 的变化曲线。从图 5.1(a)中可以看出，腐蚀电位不断增大，即腐蚀电位不断正移，直到趋于一个变化幅度较小的数值。由图 5.1

(b)可以看出，钢筋 ST2 的腐蚀电位起始值为－420 mV(饱和甘汞电极)，随着浸泡时间的增加而增大，至第 8d 时腐蚀电位为－240 mV，其后的第 9、10、11 和 12 d 测得的腐蚀电位基本在－240 mV 左右小幅度波动，表明在 pH 值为 12.0 的模拟孔隙溶液中，钢筋达到稳定钝化状态需要的时间为 8 d。由图 5.1(c)可以看出，钢筋 ST3 的腐蚀电位起始值为－370 mV，随着浸泡时间的增加，至第 7 d 天时增大到－220 mV，其后的三天腐蚀电位稳定于－220 mV 左右，表明在 pH 值为 12.6 的孔隙模拟液中，钢筋达到稳定钝化状态需要的时间为 7 d。由图 5.1(d)可以看出，钢筋 ST4 的腐蚀电位从起始值－300 mV 增加到第 5 d 天时的－170 mV，其后几天内始终在－170 mV 左右波动。因此，在 pH 值为 13.6 的孔隙模拟液中，钢筋达到稳定钝化状态需要 5 d。

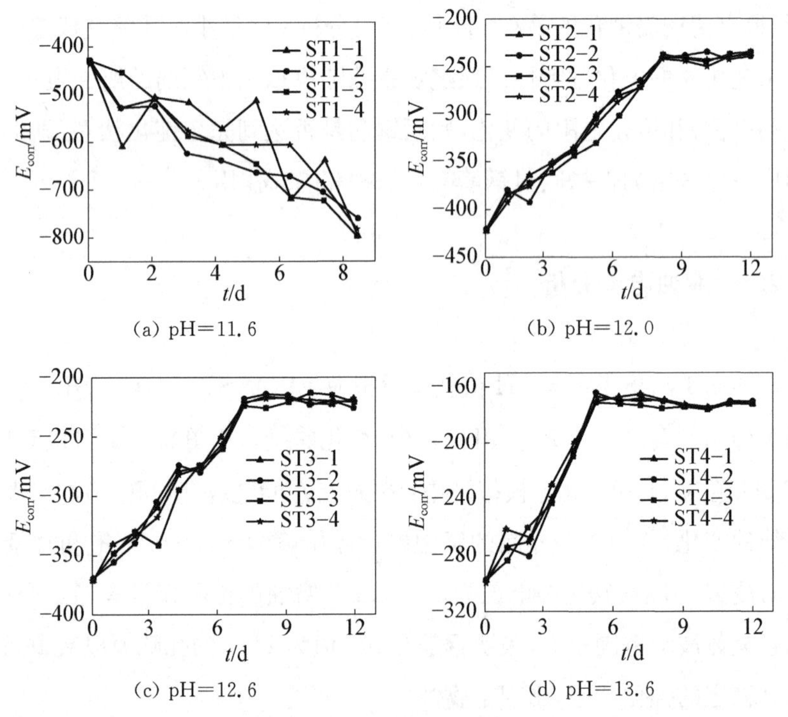

图 5.1 孔隙模拟液中钢筋的腐蚀电位变化曲线

图 5.2 给出了在 pH 值为 11.6、12.0、12.6 和 13.6 的混凝土孔隙模拟液中钢筋样品 ST1－4 腐蚀电位平均值的变化。可以看出，未钝化

钢筋的腐蚀电位呈现无规律下降。孔隙模拟液中钝化钢筋的腐蚀电位随着 pH 值和浸泡时间的增加而增大；pH 值为 12.0、12.6 和 13.6 的孔隙模拟液中，钢筋达到稳定钝化状态的时间分别为 8 d、7 d 和 5 d，即模拟液碱性越强，钢筋达到稳定钝化状态需要的时间越短，从而更快地阻止钢筋腐蚀。将图 5.2 与图 5.1(a)对比可以看出，钢筋在 pH 值为 11.6 的孔隙模拟液中不能发生钝化，在 pH 值为 12.0 的孔隙模拟液中发生了钝化，表明本试验的钢筋能够达到稳定钝化状态的溶液 pH 值在 11.6～12.0 之间，即 pH 值大于 11.6 的孔隙模拟液才可能使钢筋发生钝化。

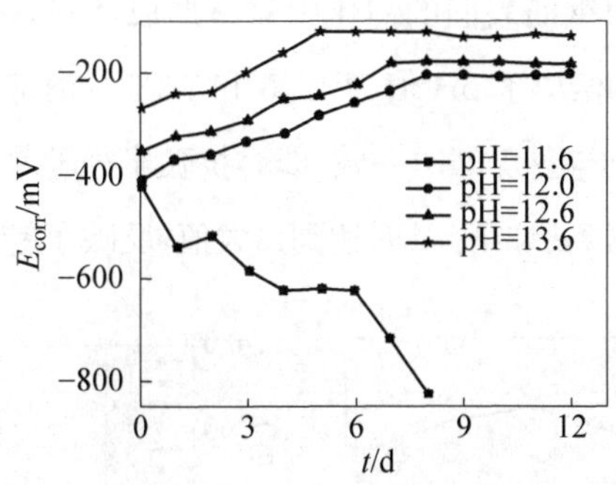

图 5.2 钢筋腐蚀电位 E_{corr} 平均值随时间的变化曲线

5.2.2 电化学阻抗谱与等效电路

1. 电化学阻抗谱

在浸泡时间为 0～9 d 的范围内，测试了不同 pH 值(pH 值为 12.0、12.6 和 13.6)孔隙模拟液中钢筋的电化学阻抗谱。图 5.3(a)、(b)、(c)和(d)给出了不同浸泡时间下钢筋样品 ST1 的奈奎斯特阻抗图。从图 5.3(a)中可以看出，在 pH 值 11.6 的孔隙模拟液中，9 d 内钢筋的阻抗谱均为一个容抗弧，容抗弧的半径随着浸泡时间的增加不断减小，表明钢筋表面没有发生钝化现象，而是发生了局部腐蚀。虽然容抗弧半径减小，但整个奈奎斯特阻抗图仍为一个弧状，仅有一个时间常数，表明钢筋处于腐蚀阶段的初期，仅是钢筋表面腐蚀，整个钢筋并未完全腐蚀。

图 5.3(b)给出了 pH 值为 12.0 的孔隙模拟液中钢筋初始状态和第 1～9 d 时的奈奎斯特阻抗图。从图 5.3(b)中可以看出，所有浸泡时间下的奈奎斯特阻抗图均为一个容抗弧，容抗弧的半径随着浸泡时间的增加不断增大，表明钢筋表面的钝化膜逐渐形成，对钢筋基体的保护作用也会越来越强，第 8 d 和第 9 d 时的容抗弧半径最大且半径大小接近。第 10 d 时的容抗弧也与第 8 d、第 9 d 两天的接近(图中未画出)。从上述分析可知，这种现象与不同 pH 值孔隙模拟液中钢筋腐蚀电位的现象一致，即腐蚀电位在第 8 d 时达到最大值，表明钢筋表面的钝化膜完整形成，钢筋达到稳定钝化状态。图 5.3(c)和(d)分别给出了 pH 值为 12.6 和 13.6 的溶液中钢筋的奈奎斯特阻抗曲线，两者现象与图 5.3(b)一致，即容抗弧半径随着浸泡时间的增加而增大，并且分别在第 7 d 和第 5 d 时达到最大值，反映了钝化膜的形成过程。

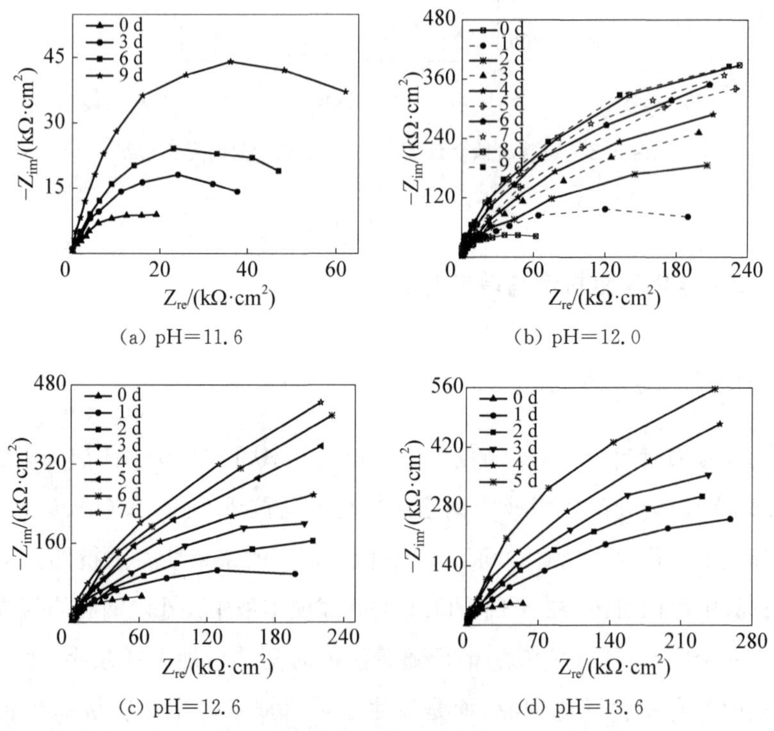

(a) pH＝11.6　(b) pH＝12.0　(c) pH＝12.6　(d) pH＝13.6

图 5.3　孔隙模拟液中钢筋的奈奎斯特阻抗图

2. 等效电路

针对图 5.3 不同 pH 值孔隙模拟液中钢筋的奈奎斯特阻抗曲线均表现出一个时间常数的特征，采用图 5.4 所示的等效电路进行拟合，其中 Q_c 为钢筋表面的钝化膜电容，R_c 为钢筋表面的钝化膜电阻。由于模拟溶液的电阻 R_b 远小于钢筋钝化膜的电阻，因此可将溶液电阻 R_b 忽略，图 5.3 也充分说明了这一点。图 5.3 电化学阻抗谱的高频起点为溶液电阻 R_b，它基本与坐标原点重合，说明与钝化膜电阻 R_c 相比，溶液电阻 R_b 是一个很小的值，可将其忽略。等效电路总阻抗 Z 的表达式如下：

$$Z = R_b + \frac{1}{\dfrac{1}{R_c} + \dfrac{1}{(j\omega Q_c)^{-1}}} = \frac{R_c + R_b(1 + R_c j\omega Q_c)}{1 + R_c j\omega Q_c} \tag{5.1}$$

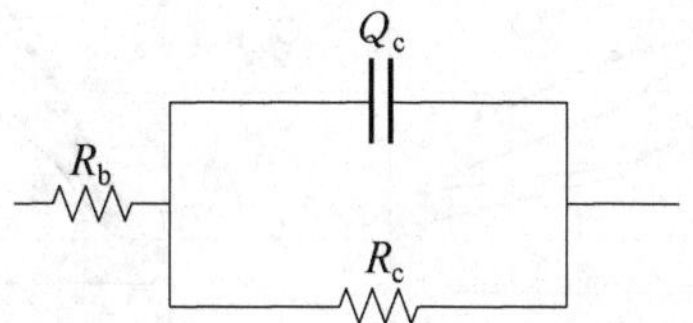

图 5.4　钢筋表面钝化膜的奈奎斯特阻抗等效电路

3. 钝化膜电阻 R_c

为了更好地分析钢筋表面钝化膜的形成过程，根据图 5.3 中不同 pH 值孔隙模拟液中钢筋的奈奎斯特阻抗图，利用 ZsimpWin 软件对图 5.4 等效电路的参数进行拟合，得到了不同 pH 值孔隙模拟液中钢筋钝化膜电阻 R_c 的曲线，如图 5.5(a)(b)(c)和(d)所示。从图 5.5(a)中可以看出，在 pH 值为 11.6 的孔隙模拟液中，钢筋样品 ST1 的钝化膜电阻 R_c 逐渐降低，从初始状态的 72 kΩ · cm^2，逐渐降至第 9 d 时的

28 kΩ·cm²，前期钝化膜电阻 R_c 下降速率比后期略快，表明在 pH 值为 11.6 的孔隙模拟液中，钢筋表面并未形成钝化膜，局部逐渐被腐蚀，而且随着时间的增加，钢筋表面钝化膜电阻越小，腐蚀越严重。图 5.5(b)给出了钢筋样品 ST2 在 pH 值为 12 的孔隙模拟液中钝化膜电阻 R_c 的曲线。从中可以看出，钝化膜电阻 R_c 平均值从初始状态的 89 kΩ·cm²，逐渐上升至第 7 d 时的 780 kΩ·cm²，第 8 d、9 d 和 10 d 时稳定在 775 kΩ·cm² 左右，前期钝化膜电阻 R_c 增长较快，后期平缓增长。因此，在 pH 值为 12.0 的孔隙模拟溶液中，钢筋达到稳定钝化状态需要 8 d 的时间。同样，在图 5.5 (c)和(d)中，钝化膜电阻 R_c 也随时间逐渐增大，最终趋于一个稳定值，在 pH 值为 12.6 和 13.6 的孔隙模拟溶液中，钢筋达到稳定钝化状态需要的时间分别为 7 d 和 5 d。由此可见，通过钝化膜电阻分析得到的钢筋钝化时间与前述钢筋腐蚀电位分析得到的钢筋钝化时间有较好的一致性。

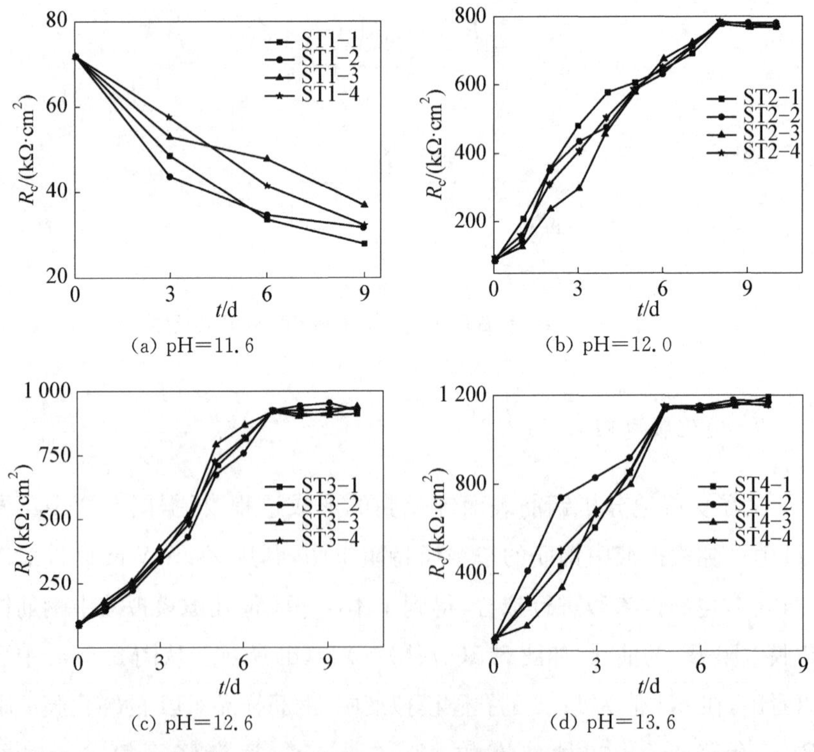

(a) pH=11.6　(b) pH=12.0

(c) pH=12.6　(d) pH=13.6

图 5.5　孔隙模拟液中钢筋的钝化膜电阻 R_c 曲线

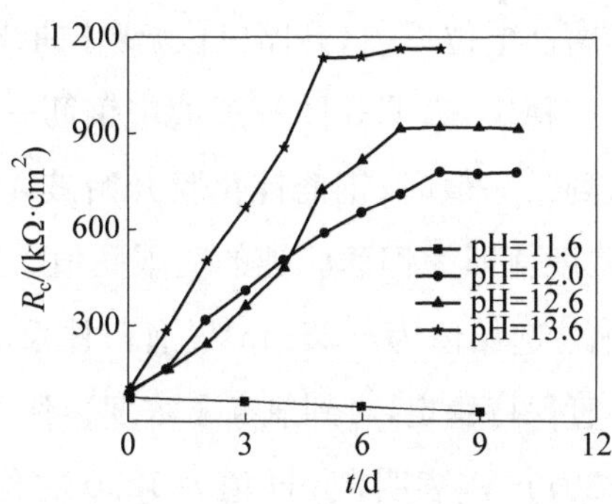

图 5.6 孔隙模拟液中钢筋的钝化膜电阻 R_c 平均值曲线

图 5.6 给出了 pH 值为 11.6、12.0、12.6 和 13.6 的混凝土孔隙模拟液中钢筋钝化膜电阻 R_c 平均值的变化。可以看出，钢筋未钝化情况(pH＝11.6)下电阻 R_c 呈现下降趋势，即钢筋表面无法形成致密的钝化膜；而钢筋发生钝化(pH＝12.0、12.6 和 13.6)时，模拟孔隙溶液中钝化膜电阻 R_c 随浸泡时间的增加而增大。

5.3 混凝土孔隙模拟液中钢筋脱钝和氯离子门限阈值分析

本节对孔隙模拟液中钢筋的脱钝过程进行研究。将形成稳定钝化膜的钢筋试样分别放入不同氯离子浓度的孔隙模拟液中，首先调整孔隙模拟液的 pH 值来等效不同条件的钢筋脱钝环境，根据腐蚀电位的变化判断不同 pH 值孔隙模拟液中钢筋脱钝的氯离子阈值，然后通过电化学阻抗谱和等效电路参数分析钢筋脱钝过程，再利用腐蚀电流验证钢筋脱钝的氯离子阈值。最后，利用莫特-肖特基曲线分析不同 pH 值孔隙模拟液中钢筋的腐蚀状况。

5.3.1 腐蚀电位分析

图 5.7(a)、(b)和(c)给出了不同 pH 值孔隙模拟液中加入不同浓度

的氯离子时钢筋的腐蚀电位 E_{corr}（开路电位）变化曲线。可以看出，初始阶段腐蚀电位均保持稳定，表明孔隙模拟液中钢筋一直处于钝化状态，直到氯离子浓度达到某一值时，钢筋钝化膜开始破坏，钢筋进入腐蚀状态，此时的氯离子浓度值即为钢筋脱钝的门限阈值。图 5.7(a)中，钢筋试样 TD1 的腐蚀电位起始值为－253 mV(饱和甘汞电极)，随着氯离子浓度的不断增加一直保持稳定，直到氯离子浓度达到 0.05 mol・L^{-1} 时，腐蚀电位骤降至－394 mV，表明在 pH 值为 12.0 的孔隙模拟液中，钢筋脱钝的氯离子阈值为 0.05 mol・L^{-1}。由图 5.7(b)同样可以看出，钢筋 TD2 的起始腐蚀电位为－243 mV，随着氯离子浓度的增加一直保持稳定，直到氯离子浓度达到 0.12 mol・L^{-1} 时，腐蚀电位急剧骤降至－387 mV，表明在 pH 值为 12.6 的孔隙模拟液中，钢筋脱钝的氯离子阈值为 0.12 mol・L^{-1}。同样，由图 5.7(c)可以得出 pH 值为 13.6 的孔隙模拟液中，钢筋脱钝的氯离子阈值为 0.44 mol・L^{-1}。

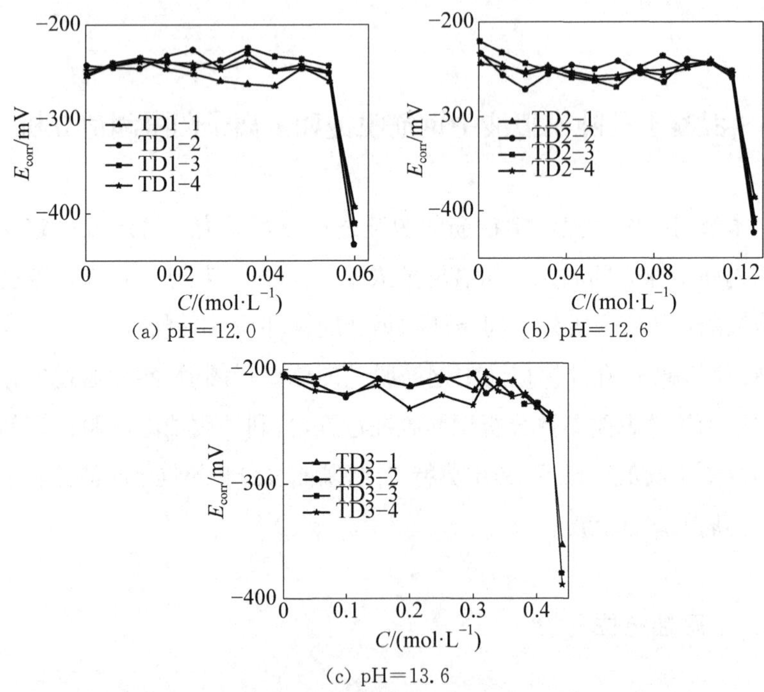

图 5.7　孔隙模拟液中钢筋的腐蚀电位曲线

图 5.8 给出了不同 pH 值孔隙模拟液中钢筋脱钝的氯离子阈值。可以看出，模拟液 pH 值越高，钢筋的氯离子浓度阈值越高，对钢筋的保护时间越长，说明孔隙模拟液的碱性越强，对钢筋的保护作用越明显。

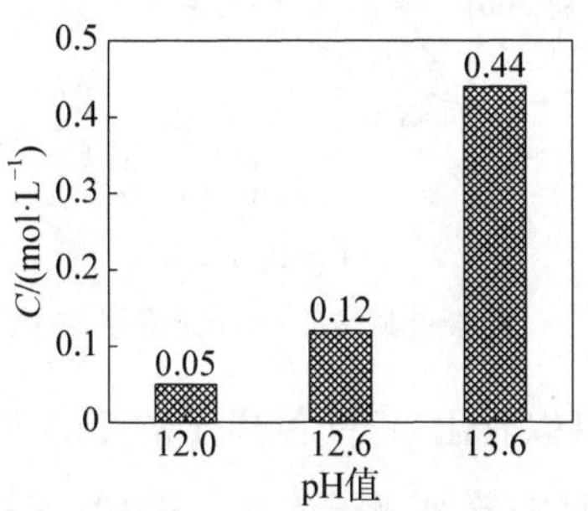

图 5.8 孔隙模拟液中钢筋的脱钝氯离子门限阈值

5.3.2 电化学阻抗谱和等效电路

1. 电化学阻抗谱

将已经处于预钝化稳定状态的钢筋样品放至不同 pH 值(pH 值为 12.0、12.6 和 13.6)的模拟孔隙溶液中进行电化学阻抗谱测试，分析不同 pH 值模拟孔隙溶液中钢筋的脱钝过程。每天向浸泡钢筋样品的孔隙模拟液中加入 NaCl 溶液，利用电化学仪器测得阻抗谱曲线。图 5.9(a)(b)和(c)分别给出了 pH 值为 12.0、12.6 和 13.6 的溶液中钢筋样品 TD1 的奈奎斯特阻抗图。

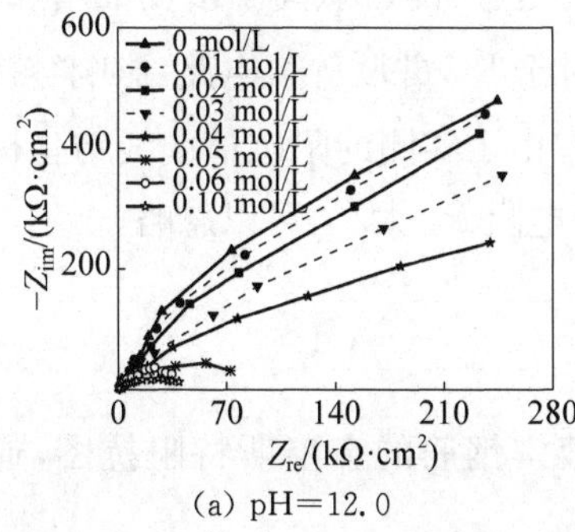

(a) pH=12.0

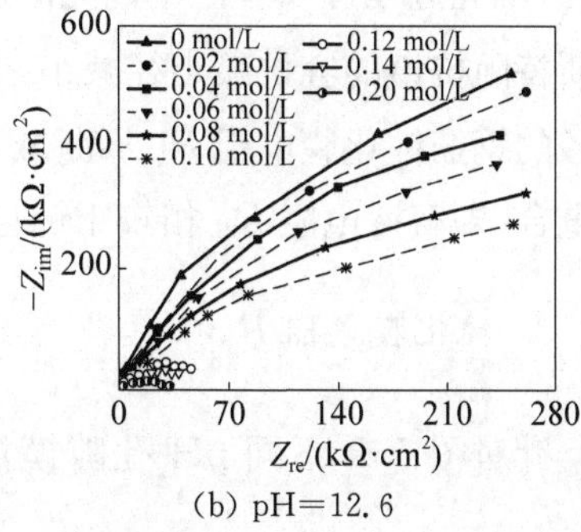

(b) pH=12.6

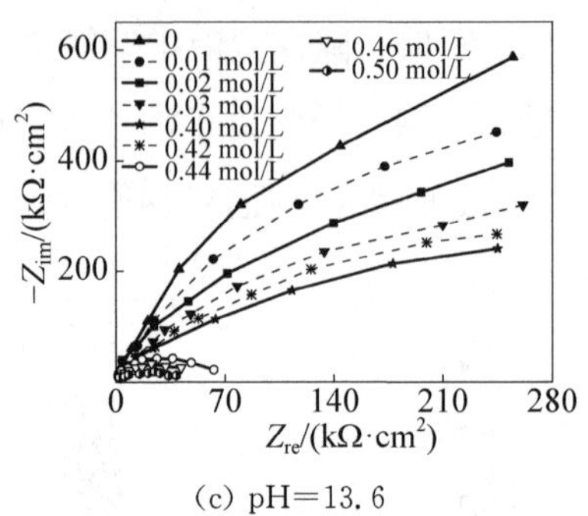

(c) pH=13.6

图 5.9 孔隙模拟液中钢筋的奈奎斯特阻抗图

从图 5.9(a)中可以看出，不同氯离子浓度时钢筋的奈奎斯特阻抗谱均为一个容抗弧，并且随着氯离子浓度的增加，容抗弧半径不断减小，当氯离子浓度增至 0.05 mol・L^{-1} 时，容抗弧急剧收缩，半径迅速减小，并在氯离子浓度达到 0.06 mol・L^{-1} 和 0.10 mol・L^{-1} 时半径变得更小，表明氯离子浓度为 0.05 mol・L^{-1} 时，钢筋样品 TD1 发生了脱钝现象，继续添加 NaCl 溶液后，钢筋开始遭到腐蚀。同样，从图 5.9(b)和(c)可以看出，钢筋样品在 pH 值为 12.6 和 13.6 的孔隙模拟液中发生脱钝的氯离子浓度门限阈值为 0.12 mol・L^{-1} 和 0.44 mol・L^{-1}，这一结论与腐蚀电位表明的氯离子钢筋脱钝浓度有很好的一致性。

2. 等效电路

针对图 5.9 中不同 pH 值孔隙模拟液中钢筋的奈奎斯特阻抗图均表现一个容抗弧的特点，即阻抗谱特性为一个时间常数，仍用图 5.4 所示的 RC 并联等效电路对电化学参数进行拟合。从 5.2 节的钢筋钝化过程可知，脱钝过程可以看作是钝化的逆向过程，随着氯离子浓度的增加，奈奎斯特阻抗谱的容抗弧半径减小，即对于 RC 并联等效电路，影响容抗弧半径的钢筋钝化膜电阻 R_c 不断减小。由于实测的阻抗谱曲线与坐标原点重合，即溶液电阻 R_b 相较于钝化膜电阻 R_c 太小，可以忽略。

3. 钝化膜电阻 R_c

针对图 5.9 不同 pH 孔隙模拟液中钢筋的奈奎斯特阻抗图，通过

ZsimpWin 软件对图 5.4 中 RC 等效电路的电化学参数进行拟合，得到等效电路中钢筋钝化膜电阻 R_c 的曲线，如图 5.10(a)(b)和(c)所示。可以看出，在 pH 值为 12.0 的孔隙模拟液中，钢筋钝化膜电阻 R_c 平均值随着氯离子浓度的增加逐渐降低，前期降低速率较快，后期较为平缓，表明此时钢筋已经脱离钝化状态，逐渐被腐蚀。

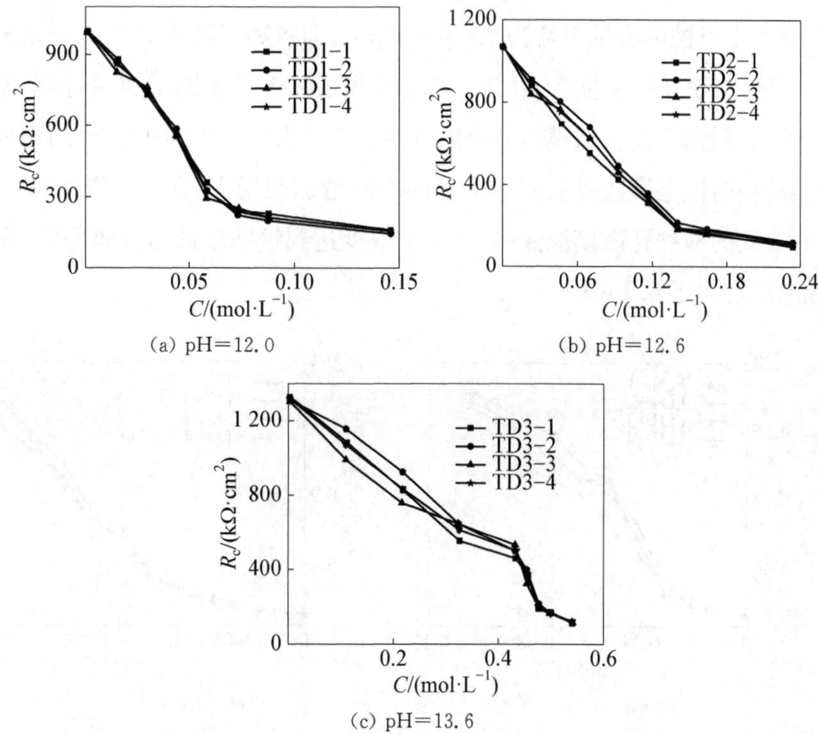

图 5.10 孔隙模拟液中钢筋的钝化膜电阻 R_c 曲线

5.3.3 腐蚀电流分析

钢筋腐蚀电流按式(5.2)计算：

$$I_{corr}=\frac{B}{R_p}=\frac{B}{R_c} \tag{5.2}$$

其中 B 取 26 mV；由于对脱钝过程中的钢筋采用 RC 并联等效电路进行拟合，因此 $R_p = R_c$。由式(5.2)计算得到的钢筋腐蚀电流曲线如图 5.11(a)、(b)和(c)所示。从图 5.11(a)可以看出，在 pH 值为 12.0 的孔隙模拟液中，钢筋试样 TD1 的起始腐蚀电流为 0.026 $\mu A \cdot cm^2$，随着氯离子浓度不断增大，腐蚀电流逐渐增大；当氯离子浓度增至 0.05 $mol \cdot L^{-1}$ 时，腐蚀电流为 0.12 $\mu A \cdot cm^2$。文献[224—225]的研究表明，钢筋开始发生点蚀的腐蚀电流为 0.1 $\mu A \cdot cm^2$，即氯离子浓度为 0.05 $mol \cdot L^{-1}$ 时，钢筋开始发生点蚀，并且随着氯离子浓度的不断增加，腐蚀电流提高，表明钢筋在孔隙模拟液中的点蚀加剧。由图 5.11(b)与(c)同样可以看出，腐蚀电流随着氯离子浓度的不断增加而增大，在 pH 值为 12.6 和 13.6 的两种孔隙模拟液中，氯离子浓度达到钢筋脱钝门限阈值时，腐蚀电流均大于 0.1 $\mu A \cdot cm^2$。

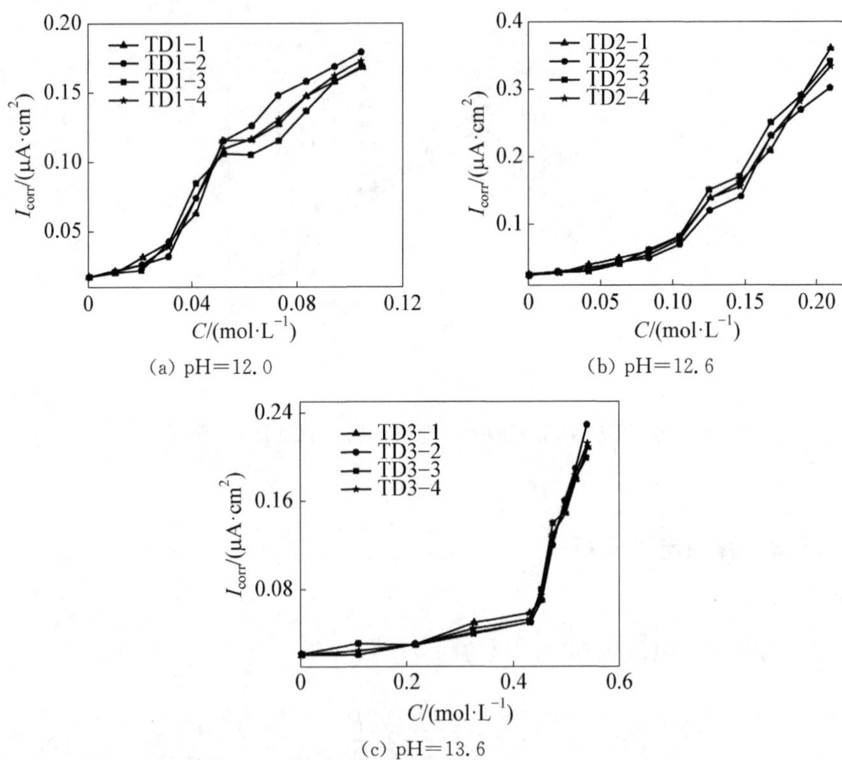

(a) pH=12.0

(b) pH=12.6

(c) pH=13.6

图 5.11 孔隙模拟液中钢筋的腐蚀电流 I_{corr} 曲线

5.3.4 孔隙模拟液中钢筋的莫特-肖特基曲线分析

图 5.12 给出了不同 pH 值孔隙模拟液中不同氯离子浓度时钢筋的莫特-肖特基曲线。可以看出，对于相同 pH 值的孔隙模拟液，随着氯离子浓度升高，平带电位向负方向移动。这是因为在钢筋钝化膜的表面，阴离子吸附能量的能力随着氯离子浓度升高而不断增强，致使负电荷量也不断增大。在电极电位高于平带电位后，莫特-肖特基曲线近似为一条直线，根据直线斜率可以求得钝化膜施主密度。斜率为正，钝化膜呈 N 型半导体特征；斜率为负，钝化膜呈 P 型半导体特征。

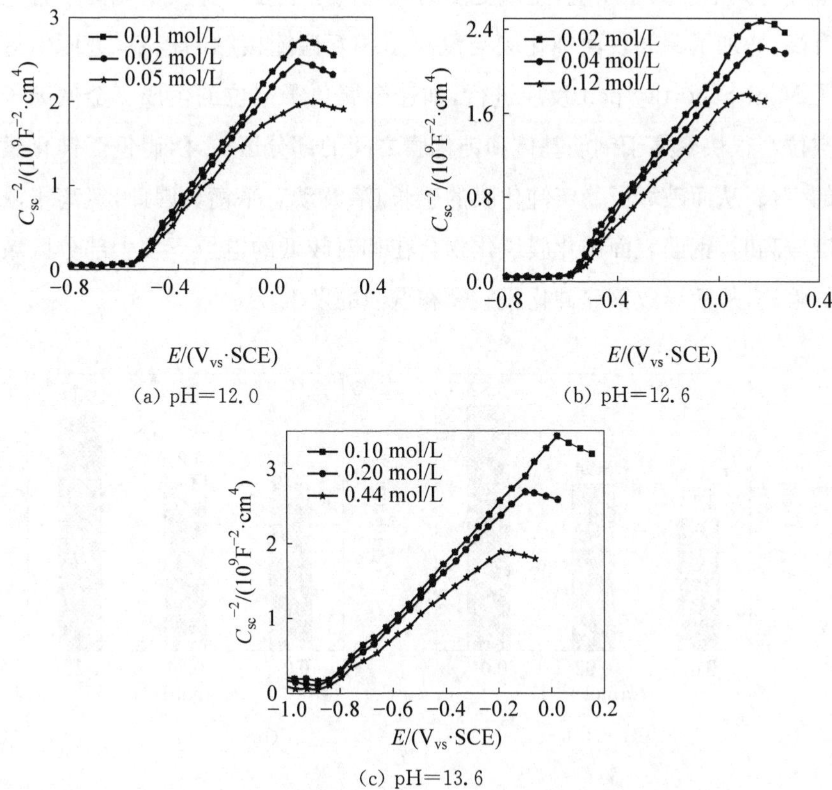

(a) pH=12.0　(b) pH=12.6　(c) pH=13.6

图 5.12　孔隙模拟液中钢筋的莫特-肖特基曲线

图 5.12 中莫特-肖特基直线部分的斜率大于 0，钝化膜呈现 N 型半导体，根据斜率计算的施主密度如图 5.13 所示。施主密度表征了钢筋表面钝化膜的缺陷情况，施主密度越大，表示缺陷越多，越容易发生点蚀，而平带电位则是钢筋表面发生局部腐蚀敏感性的具体表征。上述分析得到的结论是，在相同 pH 值的孔隙模拟液中，平带电位随着氯离子浓度升高而正移，施主密度随着氯离子浓度升高而增大，此时钢筋越容易发生点蚀。

根据麦克唐纳（MacDonald）提出的点缺陷模型（PDM）[226]，当钢筋钝化膜表面处于含有氯离子的介质中时，氧空位与氯离子会通过 Mott-Schottky pair 反应生成新的氧空位/金属离子空位对，新生成的氧空位继续与其他氯离子反应，生成更多的金属离子空位。介质中氯离子含量升高，增加了钢筋表面钝化膜与氯离子相互碰撞接触的概率，进而促进了 Mott-Schottky pair 反应进行，加速金属离子空位的生成。金属离子空位会很快聚集于钢筋基体和钝化膜之间的部分区域，阻碍钢筋钝化膜的生长，从而破坏了稳定钝化膜的生长/溶解动态平衡。因此，氯离子浓度较高时，钢筋表面钝化膜氧化物会在相对较低的电位下发生部分区域的溶解，从而导致钢筋钝化膜破裂和点蚀的发生。

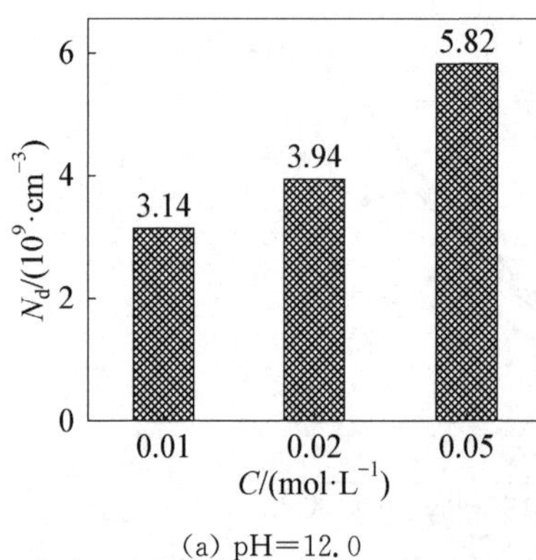

(a) pH=12.0

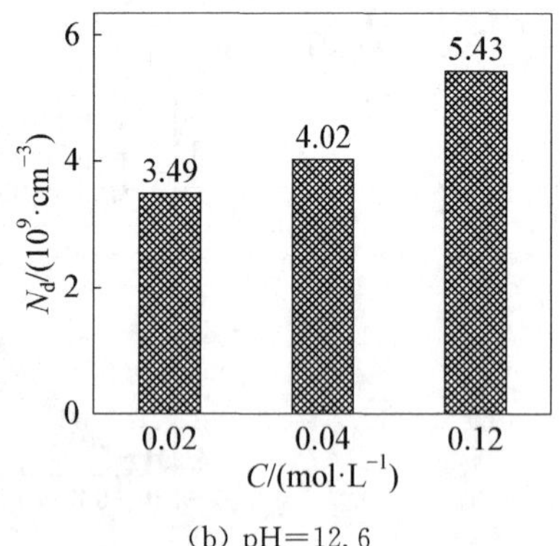

(b) pH=12.6

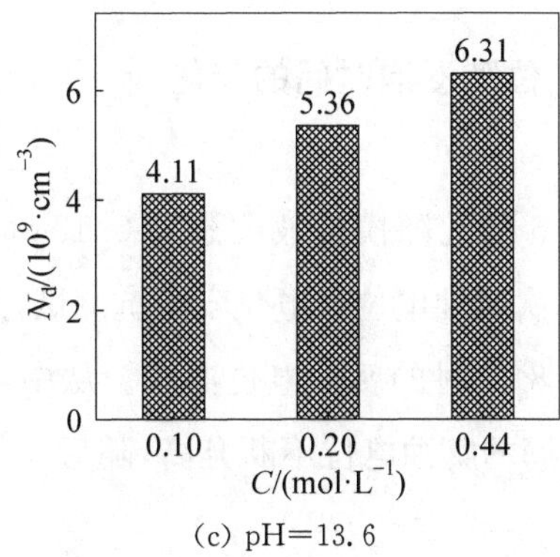

(c) pH=13.6

图 5.13 孔隙模拟液中钢筋的钝化膜施主密度

应用莫特-肖特基理论分析钢筋钝化膜的半导体性质和类型，也体现了氯离子浓度变化对孔隙模拟液中钢筋的耐点蚀性能具有较大影响。随着氯离子浓度的不断增大，钢筋表面钝化膜的施主密度增加，Mott-Schottky pair 反应速率也加快，从而增大了不同 pH 值孔隙模拟液诱发钢筋点蚀的可能性。

5.4 混凝土孔隙模拟液中钢筋腐蚀过程电化学分析

本章 5.2 节和 5.3 节分析了孔隙模拟液中钢筋钝化和脱钝的过程。在 pH 值小于 11.6 的孔隙模拟液中，钢筋不能发生钝化，处于被腐蚀的状态，即钝化膜不能在 pH 值较低的孔隙模拟液中稳定存在。在不同 pH 值的孔隙模拟液中，钢筋的脱钝阈值均随着氯离子浓度的增大而提高。通过腐蚀电位、极化电阻和腐蚀电流的大小，可以判断钢筋脱钝的氯离子门限阈值。本节重点研究孔隙模拟液中钢筋进入腐蚀状态时的奈奎斯特阻抗谱，并根据奈奎斯特阻抗谱拟合等效电路的电化学参数，分析钢筋在孔隙模拟液中腐蚀过程的电化学阻抗特性。

5.4.1 钢筋腐蚀电位随浸泡时间的变化

在 pH 值为 12.6 的孔隙模拟液中添加 0.12 mol · L^{-1} 的 NaCl 溶液，每 2～3 d 进行一次腐蚀电位和电化学阻抗测试，图 5.14 给出了孔隙模拟液中钢筋第 1～81 d 时的腐蚀电位曲线。从中可以看出，在初始阶段，孔隙模拟液中钢筋的腐蚀电位不断升高，随后一直下降，直到降低至第 81 d 时的最低值。

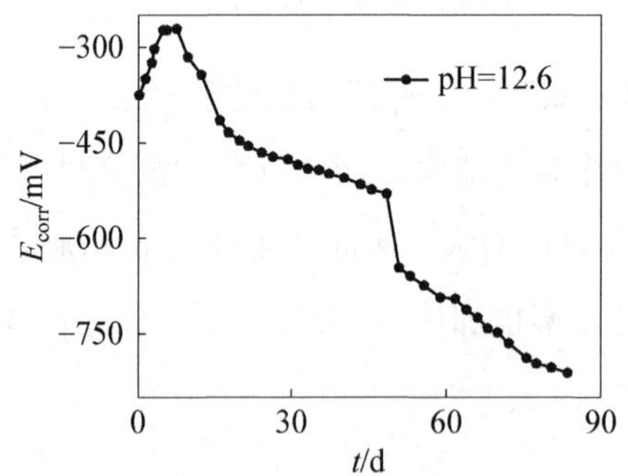

图 5.14　钢筋腐蚀电位随浸泡时间的变化

在第 1～4 d，钢筋腐蚀电位处于正移阶段，这是因为钢筋钝化膜正在形成，保护了钢筋免受氯离子侵蚀的缘故。在第 4～7 d，腐蚀电位稳定保持在－270 mV 左右，虽然氯离子对钢筋产生了侵蚀，但此时钢筋仍处于钝化阶段，受到钝化膜的保护作用。从第 7 d 开始，钢筋腐蚀电位持续降低，表明钢筋处于脱钝状态，随着时间增长，当钝化膜发生局部破坏时，出现点蚀。在第 15 d 和第 49 d 时腐蚀电位有明显下降，分别降至－419 mV 和－648 mV，表明钢筋钝化膜有明显变化，腐蚀加剧。根据孔隙模拟液中钢筋腐蚀电位的变化，可将钢筋腐蚀状态分为钝化阶段、腐蚀萌生阶段、腐蚀稳定阶段和腐蚀恶化阶段。

5.4.2 钢筋钝化过程的电化学特性分析

图 5.15 给出了孔隙模拟液中钢筋钝化过程的奈奎斯特阻抗谱曲线。可以看出，容抗弧半径随着时间的增加而不断增大，表明钢筋钝化膜正在逐步形成。根据图 5.3 的奈奎斯特阻抗谱特征，采用图 5.4 的 RC 并联等效电路对奈奎斯特阻抗谱参数进行拟合，得到各参数值如表 5.10 所示。由表 5.10 可以看出，钝化膜电阻 R_c 随时间不断增加，从 167 kΩ·cm^2 逐步增大到 334 kΩ·cm^2。

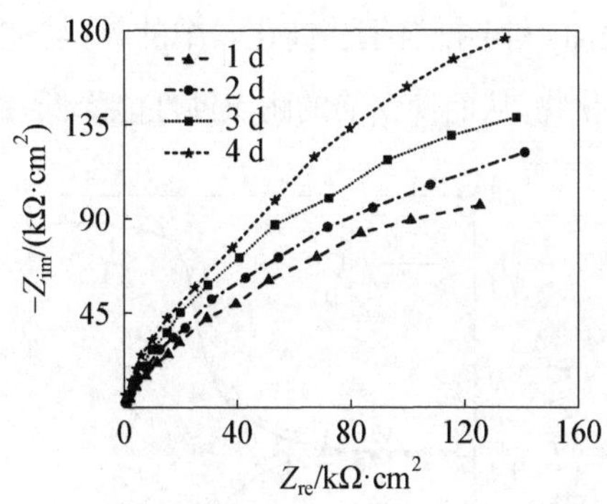

图 5.15 钢筋钝化过程的奈奎斯特阻抗谱

表 5.10 钢筋钝化过程的等效电路参数

时间/d	$R_b/(\Omega\cdot cm^2)$	$Q_c/(\mu F\cdot cm^{-2})$	η	$R_c/(k\Omega\cdot cm^2)$
1	22.2	1.82	0.97	167
2	35.5	2.24	0.96	203
3	23.3	1.75	0.96	242
4	12.9	1.47	0.94	334

5.4.3 钢筋腐蚀萌生过程的电化学特性分析

1. 动电位极化曲线

图 5.16 给出了孔隙模拟液中钢筋脱钝的动电位极化曲线，选取图中脱钝过程三个典型时间第 5 d、9 d 和 12 d 的动电位极化曲线进行分析。可以看到，图中存在明显的 Tafel 区域；随着时间的增加，动电位极化曲线整体下移，点蚀电位不断负移，即钢筋表面随着时间的增加逐步进入活性腐蚀状态，腐蚀倾向加剧。这是由于随着钢筋浸泡时间的增加，氯离子更多地吸附在钝化膜表面，利于排挤钢筋钝化膜中的氧，与钝化膜中的阳离子结合形成可溶性的卤化物，从而使钢筋的耐点蚀性能降低，钢筋逐渐发生点蚀。

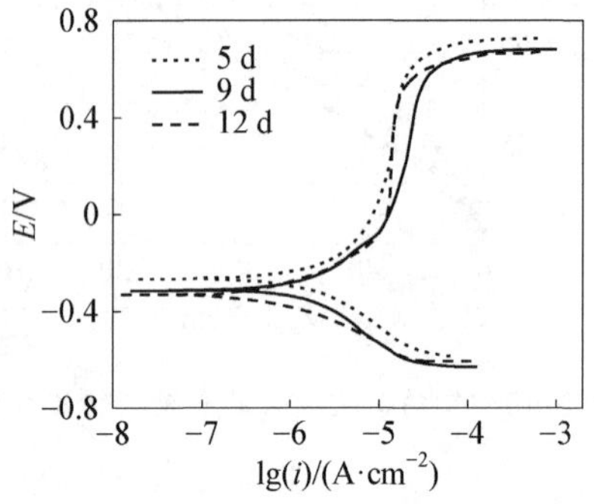

图 5.16　钢筋腐蚀萌生过程的动电位极化曲线

2. 等效电路及参数分析

图 5.17 给出了第 5 d、7 d、9 d 和 12 d 时孔隙模拟液中钢筋的奈奎斯特阻抗曲线。从图中可以看出，阻抗谱曲线均为一个容抗弧，容抗弧半径随着钢筋浸泡时间的增加而减小，第 5 d 和第 7 d 时的容抗弧半径相近。可见，在第 5～7 d 范围内，钢筋表面钝化膜仍然完好，钢筋仍处于钝化状态；而在第 9～12 d 时，容抗弧半径明显变小，钢筋开始遭受氯离子的侵蚀，逐渐发生点蚀现象。由于电化学阻抗谱仅有一个半圆，整个过

程只有一个时间常数。因此,仍可以用图 5.4 的 RC 并联电路拟合电化学参数,等效电路的参数如表 5.11 所示。

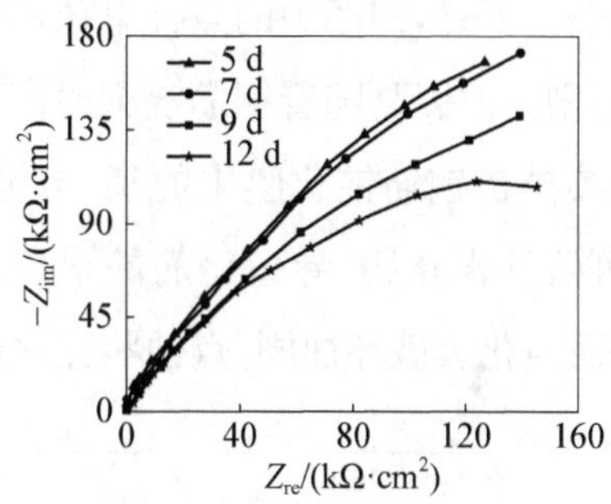

图 5.17 钢筋腐蚀萌生过程的奈奎斯特阻抗谱

由表 5.11 可以看出,钢筋的钝化膜电阻 R_c 在第 5～7 d 时稳定于 320 kΩ · cm^2 左右,当浸泡时间增至第 9 d 时,钝化膜电阻 R_c 开始明显下降,为 244 kΩ · cm^2,而至第 12 d 时,钝化膜电阻 R_c 下降至最小值 211 kΩ · cm^2。由此可见,在腐蚀萌生阶段,钢筋钝化膜逐渐被破坏,钝化膜阻抗降低,对钢筋基体的保护作用减弱,钢筋开始逐渐发生点蚀。

表 5.11 钢筋腐蚀萌生过程的等效电路参数

时间/d	R_b/(Ω · cm^2)	Q_c/(μF · cm^{-2})	η	R_c/(kΩ · cm^2)
5	123.2	2.22	0.95	327
7	152.9	3.13	0.96	314
9	98.6	5.54	0.95	244
12	113.3	4.47	0.93	211

5.4.4 钢筋腐蚀稳定过程的电化学特性分析

1. 动电位极化曲线

图 5.18 给出了钢筋腐蚀稳定过程中第 15 d、36 d 和 47 d 时的动电

位极化曲线。从图中可以看出，相较于钢筋腐蚀萌生过程，腐蚀稳定过程 Tafel 区域明显变小，阳极极化曲线的范围变窄，并且随着时间的增加，动电位极化曲线继续下移，即图中的点蚀电位不断负移，钢筋表面随着时间的增加腐蚀加剧。原因是随着钢筋浸泡时间的增长，氯离子持续聚集在钢筋表面，继续排挤钢筋钝化膜中的氧，与钝化膜中的阳离子结合进而形成更多的可溶性卤化物，导致钢筋的耐点蚀性能减弱，即随着时间的增加，钢筋表面钝化膜破坏加剧，点蚀状况逐步变得明显。

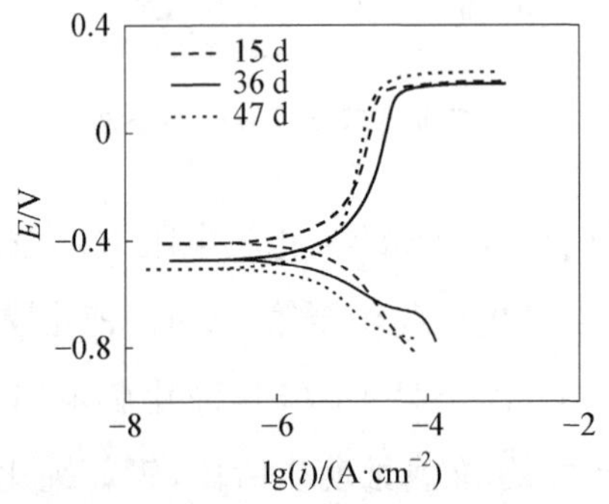

图 5.18 钢筋腐蚀稳定过程的动电位极化曲线

2. 奈奎斯特阻抗图分析

图 5.19 给出了第 15 d、25 d、36 d 和 47 d 时孔隙模拟液中钢筋的奈奎斯特阻抗曲线。从图中可以看出，整个奈奎斯特阻抗谱由腐蚀萌生过程的一个容抗弧转变为两个容抗弧，即钢筋的腐蚀稳定过程由两个时间常数组成，奈奎斯特阻抗特性一个处于低频区，一个处于高频区。低频区第二个容抗弧的出现表明孔隙模拟液中的氯离子已经开始对钢筋产生局部腐蚀，钢筋表面发生了电荷转移，逐步形成双电层，整个钢筋的腐蚀过程可以通过电荷转移阶段所受的阻力体现。因此，在该过程的等效电路中引入电荷转移反应电阻和双电层电容。

3. 奈奎斯特阻抗图等效电路的建立

由图 5.19 可知，无法采用一个时间常数的 RC 并联等效电路对钢筋

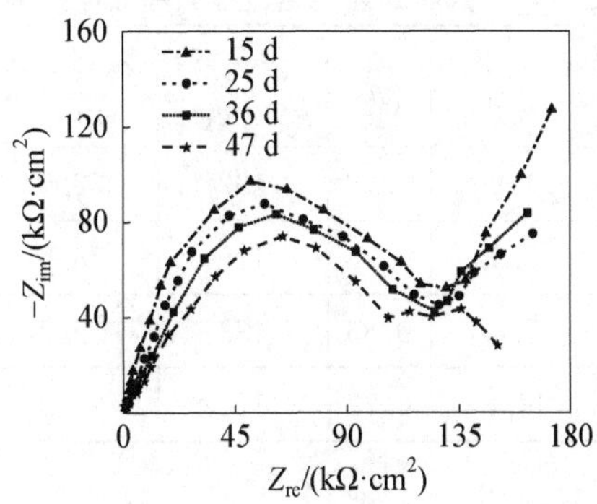

图 5.19 钢筋腐蚀稳定过程的奈奎斯特阻抗谱

腐蚀稳定过程的奈奎斯特阻抗图进行描述并拟合电化学参数。奈奎斯特阻抗图存在两个时间常数,故在等效电路中引入两个新的电路元件钢筋电荷转移反应电阻 R_{dl} 和双电层电容 Q_{dl} 对该过程低频特性进行描述。奈奎斯特阻抗图中的高频半圆半径仍可用钝化膜电阻 R_c 表示,而低频半圆半径用电荷转移反应电阻 R_{dl} 表示,等效电路如图 5.20 所示。图中 R_b 为溶液电阻,R_c 为钝化膜电阻,Q_c 为钝化膜电容,R_{dl} 为电荷转移反应电阻,Q_{dl} 为双电层电容,等效电路的各参数如表 5.12 所示。电路总阻抗 Z 的表达式如下:

$$\begin{aligned} Z &= R_b + \left[\frac{1}{(j\omega Q_c)^{-1}} + \frac{1}{R_c + (R_{dl}^{-1} + j\omega Q_{dl})^{-1}}\right]^{-1} \\ &= R_b + \left[j\omega Q_c + \frac{1 + j\omega Q_{dl} R_{dl}}{R_{dl} + R_c(1 + j\omega Q_{dl} R_{dl})}\right]^{-1} \end{aligned} \tag{5.3}$$

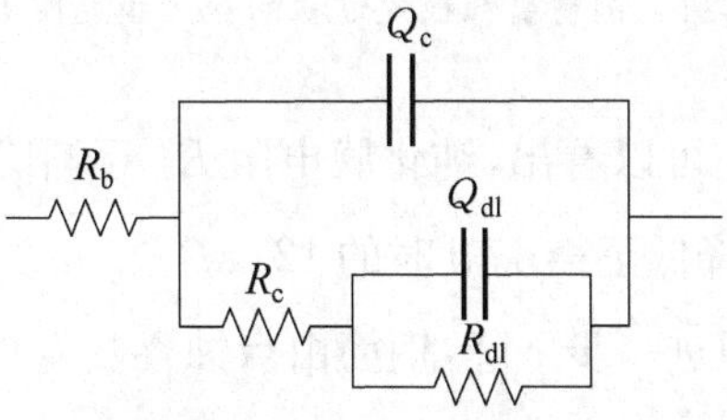

Q_c

R_b Q_{dl}

R_c

R_{dl}

图 5.20 钢筋腐蚀稳定过程的等效电路

表 5.12　钢筋腐蚀稳定过程的等效电路参数

时间/d	R_b/($\Omega\cdot cm^2$)	Q_c/($\mu F\cdot cm^{-2}$)	η	R_c/($k\Omega\cdot cm^2$)	Q_{dl}/($\mu F\cdot cm^{-2}$)	η	R_{dl}/($k\Omega\cdot cm^2$)
15	55.2	4.9	0.72	192	22.5	0.87	69
25	73.5	8.3	0.78	179	33.6	0.83	57
36	82.9	7.4	0.86	133	29.7	0.78	44
47	43.6	11.8	0.73	121	43.1	0.77	39

4. 奈奎斯特阻抗图等效电路主要参数分析

1）钝化膜电阻 R_c

图 5.21 给出了腐蚀稳定过程中第 15 d、25 d、36 d 和 47 d 时的钢筋钝化膜电阻 R_c 的变化。钝化膜电阻主要表征钝化膜对钢筋基体保护作用的强弱。随着钢筋表面发生脱钝，氯离子与钝化膜的阳离子结合形成可溶性卤化物，逐步使钢筋遭受腐蚀。

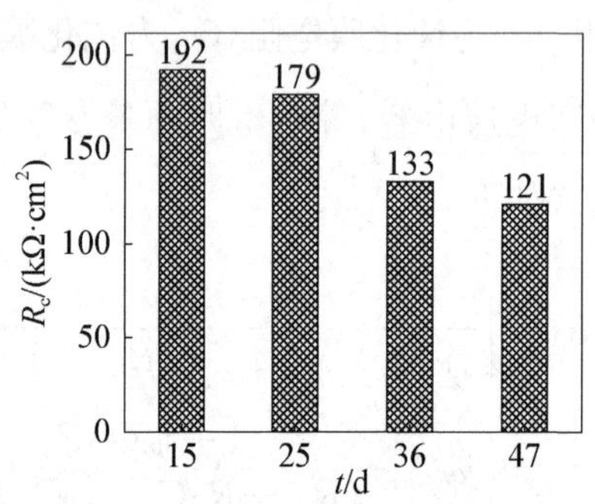

图 5.21　钢筋腐蚀稳定过程的钝化膜电阻 R_c 值

从图 5.21 中还可以看出，钝化膜电阻 R_c 逐渐降低，从第 15 d 时的 192 $k\Omega\cdot cm^2$ 逐渐降低至第 47 d 时的 121 $k\Omega\cdot cm^2$。相较钢筋的腐蚀萌生过程，钝化膜电阻进一步下降，钢筋由点蚀逐步发展为局部腐蚀，钝化膜对钢筋的保护作用逐渐减弱。

2）电荷转移反应电阻 R_{dl}

在钢筋腐蚀稳定之前，钢筋钝化过程和腐蚀萌生过程并无电荷转移反应电阻 R_{ct}。电荷转移反应电阻表征金属表面电子转移过程的快慢，其值反映了腐蚀速率的大小。电荷转移反应电阻越大，电荷转移所受到的阻力越大，腐蚀速率也就越低。这是因为钢筋在钝化过程中并未腐蚀，钝化膜将氯离子与钢筋很好地隔离开来。而在腐蚀萌生阶段，少量的氯离子到达钢筋表面，腐蚀速率很低。由于腐蚀萌生过程中点蚀速率较慢，整个奈奎斯特阻抗图仅有一个时间常数，因此，并没有电荷转移反应电阻。

图 5.22 给出了腐蚀稳定阶段第 15 d、25 d、36 d 和 47 d 时的电荷转移反应电阻 R_{dl} 的变化。从图中可以看到，电荷转移反应电阻 R_{dl} 从第 15 d 的 69 kΩ·cm^2 降至第 47 d 的 39 kΩ·cm^2。原因是随着孔隙模拟液中的钢筋不断被腐蚀，点蚀逐渐变成局部范围内的腐蚀，随着腐蚀的进行钢筋表面逐渐变得疏松，腐蚀速率加快，电荷转移所受到的阻力减小，从而使电荷转移反应电阻持续降低，这也可从图 5.19 所示的奈奎斯特阻抗曲线得到很好地验证。从图 5.19 可以看到，第二个低频半圆的半径随着浸泡时间的增加而不断减小，即孔隙模拟液中钢筋等效电路的电荷转移反应电阻降低。

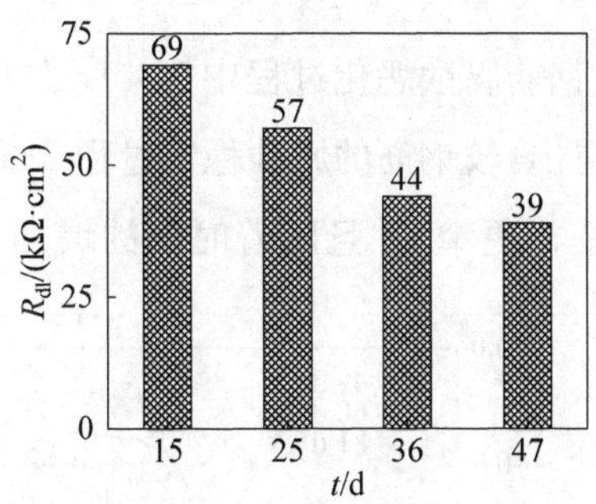

图 5.22 钢筋腐蚀稳定过程的电荷转移反应电阻 R_{dl} 值

3）钢筋表面双电层电容 Q_{dl}

图 5.23 给出了钢筋表面双电层电容 Q_{dl} 和弥散指数 η 的变化曲线，

二者也是表征钢筋腐蚀的重要参数。从图 5.23 可以看出，钢筋表面双电层电容 Q_{dl} 随时间逐渐增大，从第 15 d 时的 22.5 μF・cm^{-2}，逐渐增至 43.1 μF・cm^{-2}；η 值从第 15 d 时的 0.87 降至 0.77。这是因为弥散指数 η 主要反映整个钢筋体系表面的光滑程度，随着腐蚀程度的加剧，钢筋表面粗糙程度愈发严重，η 值变小，即 η 值越来越远离 1，弥散效应增强。

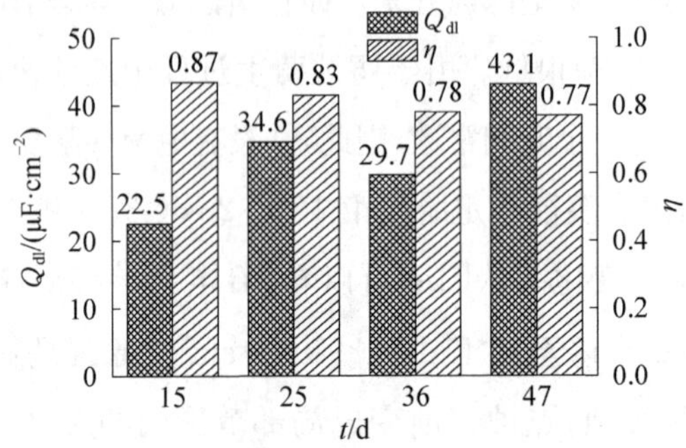

图 5.23 钢筋腐蚀稳定过程的双电层电容 Q_{dl} 与弥散指数 η

5.4.5 钢筋腐蚀恶化过程的电化学特性分析

1. 动电位极化曲线

图 5.24 给出了钢筋腐蚀恶化过程中第 49 d、60 d 和 81 d 时的动电位极化曲线。可以看出，较钢筋的腐蚀稳定过程 Tafel 区域进一步缩小，阳极极化曲线范围变得更窄，并且随着时间的增加，动电位极化曲线继

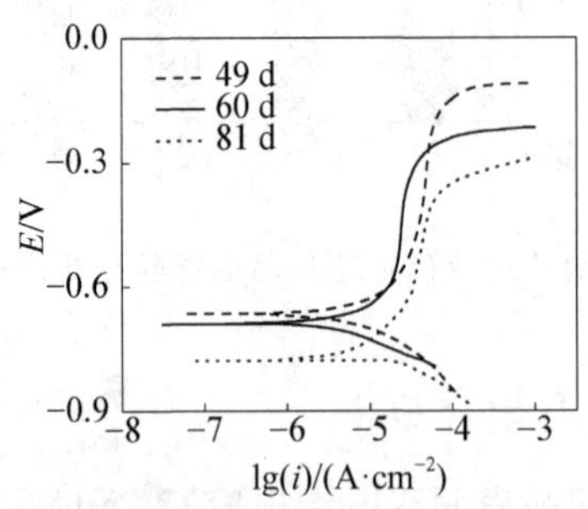

图 5.24 钢筋腐蚀恶化过程的动电位极化曲线

续下移，即图中的点蚀电位持续负移，钢筋表面局部腐蚀进一步恶化，氯离子与钢筋接触面积变得更大。在钢筋表面，大量氯离子聚集并与金属铁的阳离子结合生成可溶性卤化物，从而使钢筋局部腐蚀加重，整个腐蚀状态处于恶化阶段。

2. 奈奎斯特阻抗图分析

图 5.25 给出了钢筋腐蚀恶化阶段的奈奎斯特阻抗谱。从图中可以看到，与前述的腐蚀萌生阶段和腐蚀稳定阶段不同，奈奎斯特阻抗谱出现了两个圆弧和一个类似于斜线的直线段，此时阻抗谱的最大特点是出现了扩散尾，腐蚀过程逐渐发展为扩散过程。

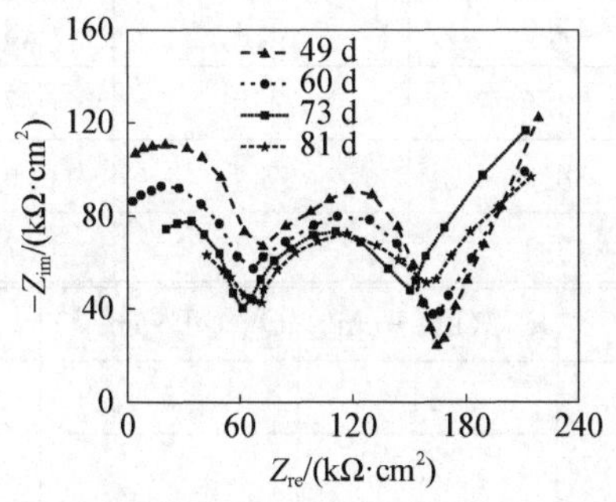

图 5.25　钢筋腐蚀恶化过程的奈奎斯特阻抗谱

3. 奈奎斯特阻抗图等效电路的建立

由图 5.25 可以看出，钢筋的奈奎斯特阻抗图有 3 个时间常数，低频区出现了扩散尾。因此，在等效电路中引入一个 RC 并联等效电路反映该过程低频区出现的这一现象，等效电路如图 5.26 所示。图中 R_c 为钝化膜电阻，Q_c 为钝化膜电容，R_{dl} 为电荷转移反应电阻，Q_{dl} 为双电层电容，R_k 和 Q_k 分别为低频扩散过程中引入的并联电阻和电容。等效电路的各参数值如表 5.13 所示，由于该电路较前面的电路复杂，故令 $Z_A=[(R_k//Q_k)+R_{dl}]//Q_{dl}$

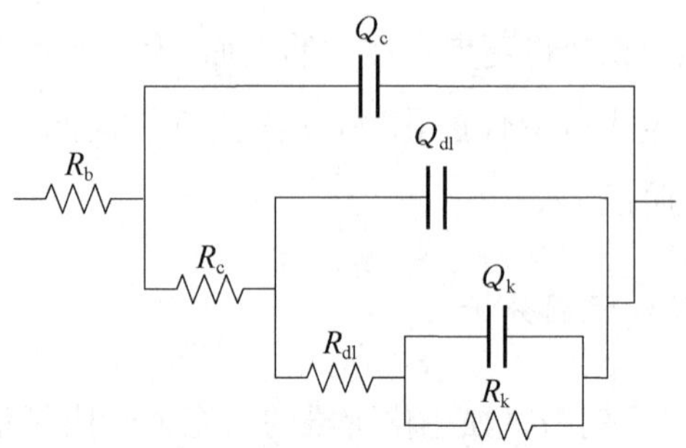

图 5.26 钢筋腐蚀恶化过程的等效电路

表 5.13 钢筋腐蚀恶化阶段的等效电路参数

时间/d	R_b/(Ω·cm²)	Q_c/(μF·cm⁻²)	η	R_c/(kΩ·cm²)
49	47.3	3.4	0.83	103
60	53.6	7.8	0.79	92
73	38.9	13.5	0.62	48
81	43.1	12.9	0.73	33

Q_{dl}/(μF·cm⁻²)	η	R_{dl}/(kΩ·cm²)	Q_k/(μF·cm⁻²)	η	R_k/(kΩ·cm²)
52.3	0.82	34	5	0.89	12
57.6	0.79	25	8	0.77	15
63.8	0.77	18	7	0.82	14
71.2	0.76	13	4	0.85	17

(“//”表示并联，“+”表示串联)，电路总阻抗 Z 的表达式如下：

$$Z = R_b + \left[\frac{1}{(j\omega Q_c)^{-1}} + \frac{1}{R_c + Z_A}\right]^{-1} = R_b + \frac{R_c + Z_A}{1 + j\omega Q_c(R_c + Z_A)} \tag{5.4}$$

其中，

$$Z_A = \left[\frac{1}{(j\omega Q_{dl})^{-1}} + \frac{1}{R_{dl} + (R_k^{-1} + j\omega Q_k)^{-1}}\right]^{-1}$$

$$= \left[\mathrm{j}\omega Q_{\mathrm{dl}} + \frac{1 + \mathrm{j}\omega Q_{\mathrm{k}} R_{\mathrm{k}}}{R_{\mathrm{k}} + R_{\mathrm{dl}}(1 + \mathrm{j}\omega Q_{\mathrm{k}} R_{\mathrm{k}})} \right]^{-1} \tag{5.5}$$

4. 奈奎斯特阻抗图等效电路主要参数分析

1）钝化膜电阻 R_c

钝化膜电阻 R_c 可以反映钢筋腐蚀的程度，图 5.27 给出了钢筋腐蚀恶化阶段第 49 d、60 d、73 d 和 81 d 时钝化膜电阻 R_c 的变化。可以看出，较之于前述的钢筋腐蚀稳定过程，钝化膜电阻 R_c 进一步降低，从第 49 d 时的 103 kΩ · cm^2 降至第 81 d 时的 33 kΩ · cm^2。由图中第 81 d 时的钝化膜电阻值 33 kΩ · cm^2 可以看出，钢筋达到最严重的腐蚀状态。

2）电荷转移反应电阻 R_{dl}

图 5.28 给出了钢筋腐蚀恶化阶段第 49、60、73 和 81 d 时的电荷转移反应电阻 R_{dl}。可以看到，与前述的钢筋腐蚀稳定过程中的电荷转移反应电阻 R_{dl} 相似，钢筋腐蚀恶化过程的电荷转移反应电阻 R_{dl} 进一步降低。这是因为，较之于钢筋腐蚀稳定过程，该阶段腐蚀程度进一步恶化，整个钢筋表面结构变得更为疏松，更多氯离子聚集并与钢筋发生接触，电荷转移受到的阻力进一步降低，使电荷转移反应电阻从第 49 d 时的 34 kΩ · cm^2 降至第 81 d 时的 13 kΩ · cm^2。

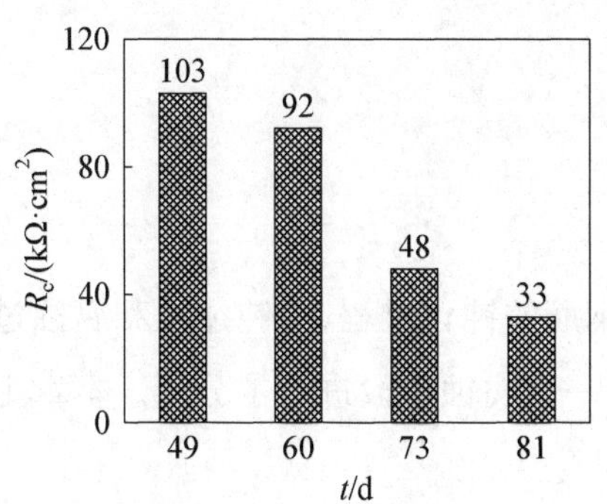

图 5.27　钢筋腐蚀恶化过程的钝化膜电阻 R_c 值

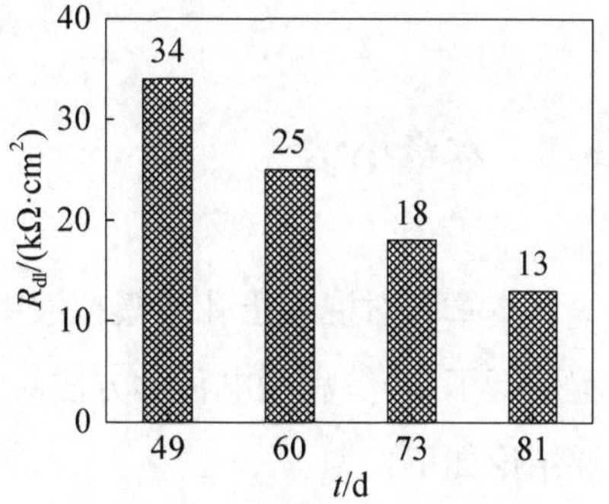

图 5.28　钢筋腐蚀恶化过程的电荷转移反应电阻 R_{dl} 值

3）钢筋表面双电层电容 Q_{dl}

图 5.29 给出了钢筋表面双电层电容 Q_{dl} 和弥散指数 η 的变化，它们也是表征钢筋腐蚀的重要参数。从图 5.29 可以看出，较之于前述的钢筋腐蚀稳定过程，钢筋表面双电层电容 Q_{dl} 继续增大，从第 49 d 时的 52.3 $\mu F \cdot cm^{-2}$ 增至 71.2 $\mu F \cdot cm^{-2}$，腐蚀恶化程度进一步加剧。

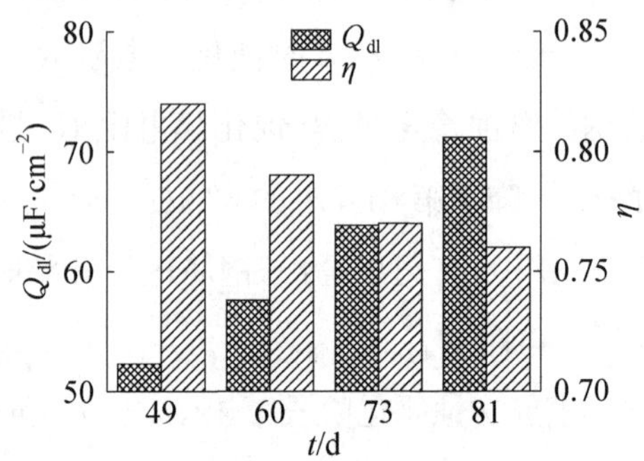

图 5.29　钢筋腐蚀恶化过程的双电层电容 Q_{dl} 与弥散指数 η

图 5.29 示出了双电层电容弥散指数 η 的变化，η 值从第 49 d 时的 0.82 逐渐降至第 81 d 时的 0.76。可以看出，相比于钢筋腐蚀稳定过程，钢筋表面双电层电容 Q_{dl} 的弥散指数 η 进一步远离 1，腐蚀状况进一步加剧，钢筋表面变得更加粗糙。

5.5　本章小结

本章针对混凝土孔隙模拟液中钢筋的钝化过程、脱钝过程和腐蚀过程进行了研究，利用电化学方法对每一个腐蚀阶段进行了分析。本章主要结论如下：

(1) 钢筋在 pH 值为 11.6 的孔隙模拟液中不会发生钝化，在 pH 值大于 12.0 的孔隙模拟液中可以正常钝化。因此，钢筋形成钝化膜的最小 pH 值区间为 11.6～12.0，且钢筋钝化需要的时间随着 pH 值的增大而减小。钢筋钝化膜电阻参数值越大，钝化膜越稳定，即孔隙模拟液碱性越强，钝化膜越稳定，对钢筋的保护效果越好。

(2) 在 pH 值为 12.0 的孔隙模拟液中，钢筋脱钝的氯离子门限阈值为 0.05 mol・L^{-1}；在 pH 值为 12.6 的孔隙模拟液中为 0.12 mol・L^{-1}；在 pH 值为 13.6 的孔隙模拟液中为 0.44 mol・L^{-1}。随着溶液 pH 值的增加，钢筋脱钝的氯离子浓度门限阈值越高，对钢筋的保护时间越长，电化学阻抗谱和腐蚀电流曲线均验证了该结果的准确性。莫特-肖特基曲线分析表明，氯离子浓度较高时，在相对较低的电位下钢筋表面的钝化膜即发生局部溶解，进而导致钢筋钝化膜发生破裂。平带电位随着氯离子浓度升高而正移，施主密度随着氯离子浓度升高而增大，即钢筋越容易发生点腐蚀。

(3) 钢筋腐蚀状态可分为钝化过程、腐蚀萌生过程、腐蚀稳定过程和腐蚀恶化过程。钝化过程：钝化膜电阻 R_c 不断增加，钝化膜正在逐渐形成；腐蚀萌生过程：钝化膜逐渐被破坏，钝化膜电阻 R_c 降低，对钢筋基体的保护作用减弱，逐渐发生点蚀；腐蚀稳定过程：相较于腐蚀萌生过程，钝化膜电阻 R_c 降至更低，钢筋由点蚀逐步发展至局部腐蚀，导致钝化膜对钢筋的保护作用变弱；腐蚀恶化过程：该过程的最大特点是阻抗谱出现了扩散尾，钢筋腐蚀过程逐渐发展为扩散过程，随着时间的增加，钢筋局部腐蚀严重，发展为整体腐蚀。

6

混凝土孔隙模拟液中铬合金耐蚀钢筋的腐蚀电化学分析

顾名思义，铬合金钢筋是在碳钢中添加铬元素形成的耐蚀钢筋。相比于普通钢筋，铬合金钢筋具有较高的强度和较好的耐腐蚀性能，因而铬合金钢筋自问世以来就备受瞩目。铬合金钢筋优良的耐腐蚀性能在于其双层钝化膜结构，内层由磁铁氧化物和铬氧化物构成，外层主要由铁镍氧化物构成[217-222]。本章研究不同 pH 值孔隙模拟液中铬合金钢筋的腐蚀特性。首先，利用腐蚀电位随氯离子浓度变化的曲线，得到不同 pH 值孔隙模拟液中铬合金钢筋脱钝的氯离子门限阈值，通过不同 pH 值的钢筋奈奎斯特阻抗谱建立相应的等效电路。其次，利用电化学工作站测得的循环伏安特性曲线，建立腐蚀萌生电位与析氧电位的差值和氯离子浓度的关系，确定不同 pH 值孔隙模拟液中钢筋脱钝的氯离子门限阈值；采用腐蚀电流和莫特-肖特基曲线，对钢筋的腐蚀过程进行电化学分析。

6.1 钢筋材料和试验过程

6.1.1 试验材料

铬合金耐蚀钢筋由铁、锰、铬、碳、硫、磷、硅和镍等元素组成，各种化学成分含量如表 6.1 所示。

表 6.1 铬合金耐蚀钢筋的化学成分(质量分数%)

元素	C	S	P	Mn	Si	Ni	Cr	Fe
含量	0.196	0.570	0.024	1.570	0.570	0.040	0.300	其余

6.1.2 铬合金耐蚀钢筋电化学试验

为研究铬合金耐蚀钢筋的腐蚀特性,将其浸泡于人工制作的混凝土孔隙模拟溶液中,孔隙模拟液的成分及电化学试验步骤、试样制作同第 5 章。预钝化后的试件编号如表 6.2 所示。

表 6.2 钢筋脱钝及浸泡的孔隙模拟液

混凝土孔隙模拟液 pH 值	钢筋电极试件编号	每天加入 NaCl 的含量/($mol \cdot L^{-1}$)
10.6	BD1-1、BD1-2、BD1-3、BD1-4	0.01
11.6	BD2-1、BD2-2、BD2-3、BD2-4	0.01
12.6	BD3-1、BD3-2、BD3-3、BD3-4	0.01

6.2 混凝土孔隙模拟液中铬合金耐蚀钢筋的腐蚀电位

图 6.1(a)、(b)和(c)给出了在不同 pH 值孔隙模拟液中加入不同浓度氯离子溶液时铬合金钢筋腐蚀电位 E_{corr}(开路电位)的曲线。由图 6.1(a)可以看出,在 pH 值为 10.6 的孔隙模拟液中,铬合金钢筋 BD1-1 的腐蚀电位起始值为 −253 mV(饱和甘汞电极),随着氯离子浓度增大到 0.035 mol/L,腐蚀电位缓缓下降,但下降幅值较小,这是因为在较低的 pH

值溶液中，虽然随着氯离子浓度增加，铬合金钢筋受到一定的腐蚀作用，但钢筋钝化膜没有被破坏。当氯离子浓度增加至 0.04 mol·L^{-1} 时，腐蚀电位骤降，说明钢筋钝化膜遭到破坏，发生脱钝现象，即 pH 值为 10.6 的孔隙模拟液铬合金钢筋脱钝的氯离子门限阈值为 0.04 mol·L^{-1}。在图 6.1(b) 和(c)中，钢筋腐蚀电位在开始阶段均趋于某个稳定值，即孔隙模拟液中的钢筋一直处于钝化状态，直到氯离子浓度增加到 0.14 mol·L^{-1} 和 0.28 mol·L^{-1} 时，钢筋开始脱钝。由此得出结论，pH 值为 11.6 和 12.6 的孔隙模拟液中，铬合金钢筋脱钝的氯离子门限阈值为 0.14 mol·L^{-1} 和 0.28 mol·L^{-1}。

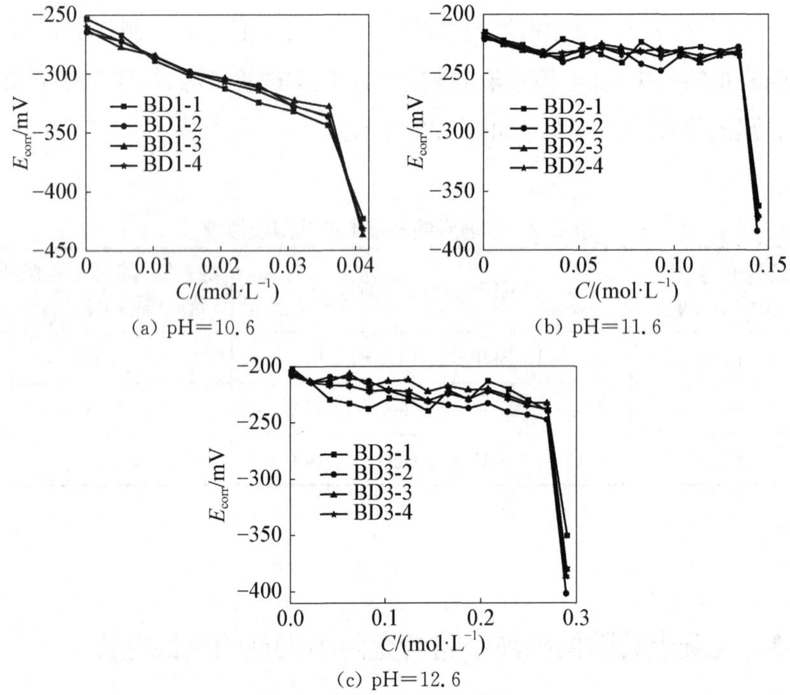

图 6.1 孔隙模拟液中铬合金钢筋的腐蚀电位曲线

6.3 混凝土孔隙模拟液中铬合金耐蚀钢筋的电化学特性

图 6.2～图 6.4 给出了不同 pH 值孔隙模拟液中铬合金钢筋的奈奎

斯特阻抗谱。从图 6.2(a)、图 6.3(a)和图 6.4(a)中可以看出，在 pH 值为 10.6、11.6 和 12.6 的孔隙模拟液中，铬合金的整个奈奎斯特阻抗谱分为两个部分，分别对应钢筋的钝化阶段和钢筋钝化膜被破坏的腐蚀阶段。在 pH 值为 10.6 的孔隙模拟液中，当氯离子浓度增加到 0.04 mol·L^{-1} 时，铬合金钢筋的整体阻抗谱急剧减小。因此，对添加氯离子浓度大于 0.04 mol·L^{-1} 的模拟液中铬合金钢筋的阻抗谱图进行局部放大处理，图 6.2(b)给出了氯离子浓度为 0.04 mol·L^{-1}、0.06 mol·L^{-1}、0.08 mol·L^{-1} 和 0.10 mol·L^{-1} 模拟液中铬合金钢筋的奈奎斯特阻抗谱。同样，图 6.3(b)和 6.4(b)分别给出了 pH 值为 11.6 和 12.6 的孔隙模拟液中铬合金钢筋钝化膜被破坏开始腐蚀阶段的奈奎斯特阻抗谱。

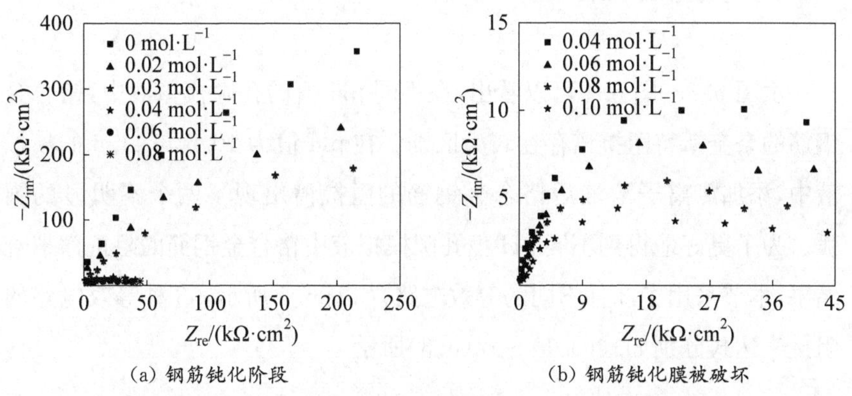

(a) 钢筋钝化阶段　　(b) 钢筋钝化膜被破坏

图 6.2　pH 值为 10.6 模拟液中钢筋的奈奎斯特阻抗图

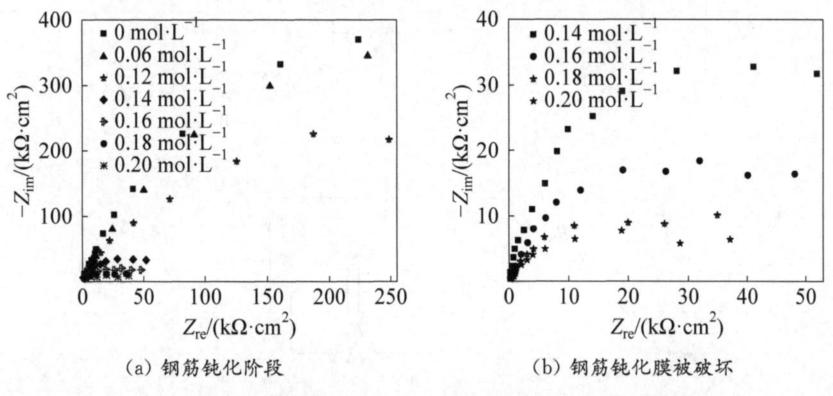

(a) 钢筋钝化阶段　　(b) 钢筋钝化膜被破坏

图 6.3　pH 值为 11.6 模拟液中钢筋的奈奎斯特阻抗图

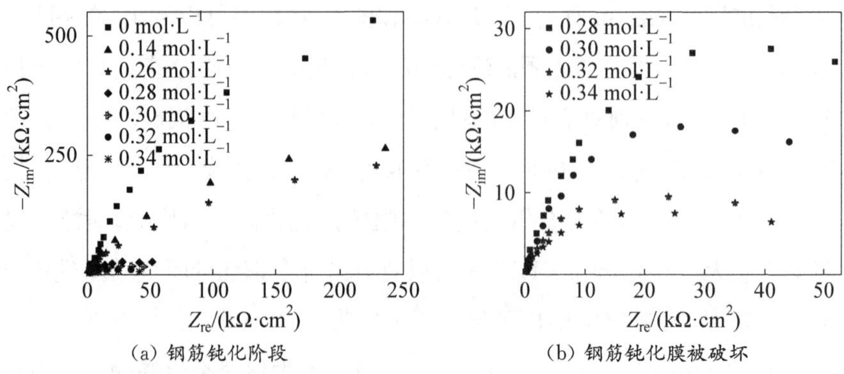

(a) 钢筋钝化阶段　　(b) 钢筋钝化膜被破坏

图 6.4　pH 值为 12.6 模拟液中钢筋的奈奎斯特阻抗图

6.3.1　等效电路拟合

由图 6.2～图 6.4 可以看出,在不同 pH 值的孔隙模拟液中,铬合金钢筋的奈奎斯特阻抗谱存在较大区别。在 pH 值为 10.6 与 11.6 的模拟液中,添加氯离子溶液后铬合金钢筋的阻抗谱出现了两个不明显的圆弧。为了更好地得到不同 pH 值孔隙模拟液中铬合金钢筋的阻抗谱拟合结果,本节采用了 3 种不同的等效电路,如图 6.5 所示。3 种等效电路的阻抗表达式分别如式(6.1)～式(6.3)所示。

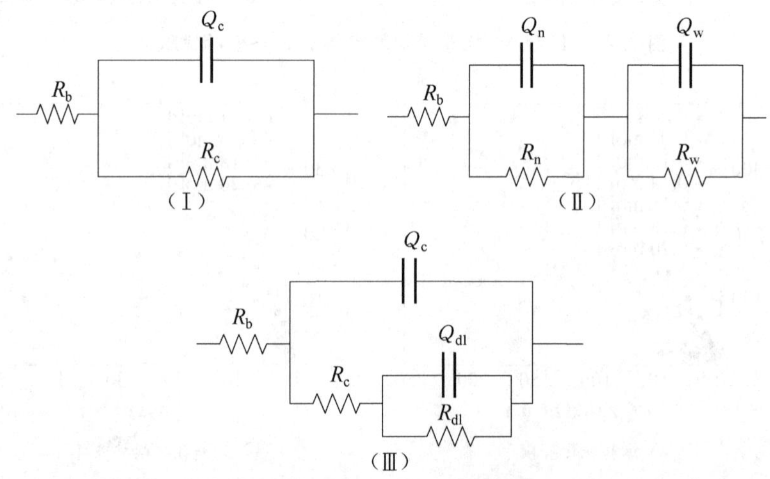

图 6.5　铬合金钢筋的等效电路

$$Z_{\mathrm{I}}=R_{\mathrm{b}}+\frac{1}{\dfrac{1}{R_{\mathrm{c}}}+\dfrac{1}{Z(\omega_{\mathrm{i}})_{\mathrm{Q}}}}=R_{\mathrm{b}}+\frac{1}{G_{\mathrm{c}}+Y(\omega_{\mathrm{i}})_{\mathrm{Q}}} \tag{6.1}$$

$$\begin{aligned} Z_{\mathrm{II}}&=R_{\mathrm{b}}+\frac{1}{\dfrac{1}{R_{\mathrm{n}}}+\dfrac{1}{Z(\omega_{\mathrm{i}})_{\mathrm{Qn}}}}+\frac{1}{\dfrac{1}{R_{\mathrm{w}}}+\dfrac{1}{Z(\omega_{\mathrm{i}})_{\mathrm{Qw}}}} \\ &=R_{\mathrm{b}}+\frac{1}{G_{\mathrm{n}}+Y(\omega_{\mathrm{i}})_{\mathrm{Qn}}}+\frac{1}{G_{\mathrm{w}}+Y(\omega_{\mathrm{i}})_{\mathrm{Qw}}} \end{aligned} \tag{6.2}$$

$$\begin{aligned} Z_{\mathrm{III}}&=R_{\mathrm{b}}+\left[\frac{1}{Z(\omega_{\mathrm{i}})_{\mathrm{Qc}}}+\frac{1}{R_{\mathrm{c}}+(R_{\mathrm{dl}}^{-1}+\mathrm{j}\omega_{\mathrm{i}}Q_{\mathrm{dl}})^{-1}}\right]^{-1} \\ &=R_{\mathrm{b}}+\left[Y(\omega_{\mathrm{i}})_{\mathrm{Qc}}+\frac{1+\mathrm{j}\omega_{\mathrm{i}}Q_{\mathrm{dl}}R_{\mathrm{dl}}}{R_{\mathrm{dl}}+R_{\mathrm{c}}(1+\mathrm{j}\omega_{\mathrm{i}}Q_{\mathrm{dl}}R_{\mathrm{dl}})}\right]^{-1} \end{aligned} \tag{6.3}$$

利用公式(6.4)和(6.5)计算 χ^2 的值,判断 3 种等效电路的优劣。

$$\chi^2=\sum_{i=1}^{N}\frac{|Z_{\mathrm{re},\,i}-Z_{\mathrm{re}}(\omega_i)|^2+|Z_{\mathrm{im},\,i}-Z_{\mathrm{im}}(\omega_i)|^2}{|Z(\omega)_i|^2} \tag{6.4}$$

$$|Z(\omega)_i|=\sqrt{Z_{\mathrm{re},\,i}^2+Z_{\mathrm{im},\,i}^2} \tag{6.5}$$

式中,Z_{re} 为阻抗实部,Z_{im} 为阻抗虚部,$|Z(\omega)|$ 为阻抗模值。

图 6.5(Ⅰ)为一个时间常数的 RC 并联电路,其中 R_{b} 为溶液电阻,R_{c} 为钢筋钝化膜电阻,Q_{c} 为钢筋钝化膜电容。图 6.5(Ⅱ)为两个时间常数的等效电路,由两个 RC 并联电路组成,由于铬合金钢筋在钝化过程中会形成两层钝化膜,因此用两个 RC 并联电路分别代表铬合金钢筋在钝化过程中形成的双层钝化膜,其中 R_{b} 为溶液电阻,左边 RC 电路中的变量代表钢筋内层钝化膜的参数,即 R_{n} 为钢筋内层钝化膜电阻,Q_{n} 为钢筋内层钝化膜电容,而 R_{w} 为钢筋外层钝化膜电阻,Q_{w} 为钢筋外层钝化膜电容。图 6.5(Ⅲ)为两个时间常数的等效电路,其中 R_{b} 为溶液电阻,Q_{c} 为钢筋钝化膜电容,R_{c} 为钢筋钝化膜电阻,R_{dl} 为钢筋电荷转移反应电阻,Q_{dl} 为钢筋表面双电层电容。对于不同 pH 值孔隙模拟液中的铬合金钢筋,三种等效电路的奈奎斯特阻抗拟合结果如图 6.6~图 6.14 所示。

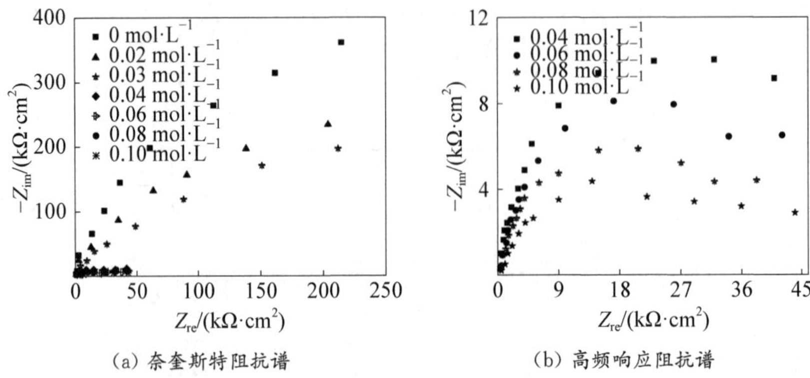

(a) 奈奎斯特阻抗谱　　(b) 高频响应阻抗谱

图 6.6　pH 值为 10.6 的奈奎斯特阻抗图和等效电路(Ⅰ)拟合

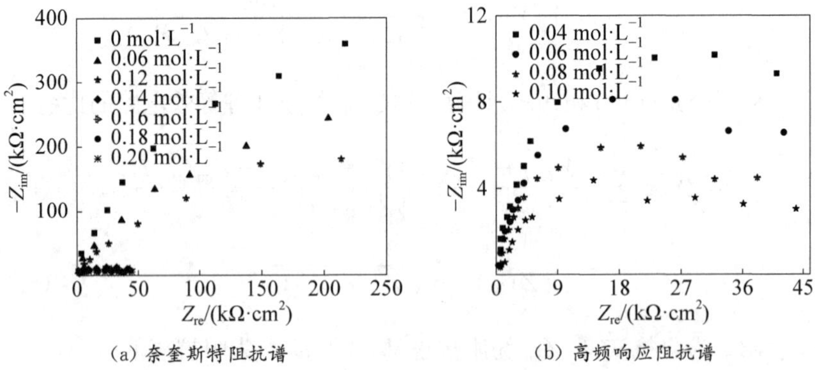

(a) 奈奎斯特阻抗谱　　(b) 高频响应阻抗谱

图 6.7　pH 值为 10.6 的奈奎斯特阻抗图和等效电路(Ⅱ)拟合

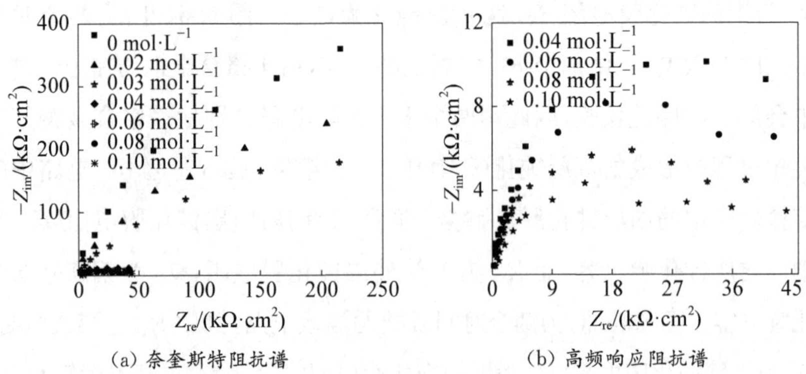

(a) 奈奎斯特阻抗谱　　(b) 高频响应阻抗谱

图 6.8　pH 值为 10.6 的奈奎斯特阻抗图和等效电路(Ⅲ)拟合

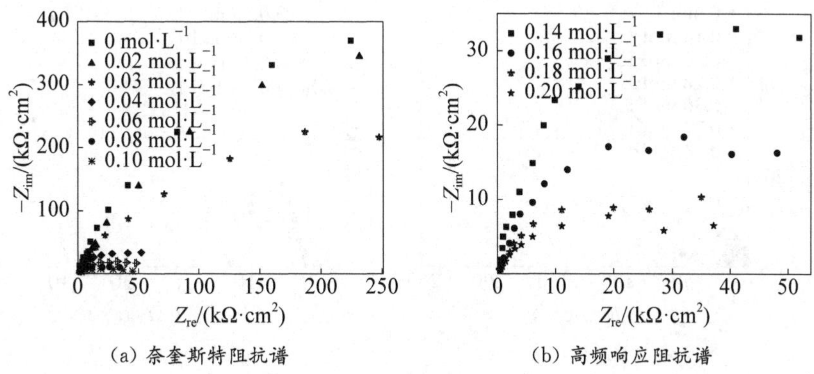

(a) 奈奎斯特阻抗谱　　(b) 高频响应阻抗谱

图 6.9　pH 值为 11.6 的奈奎斯特阻抗图和等效电路(Ⅰ)拟合

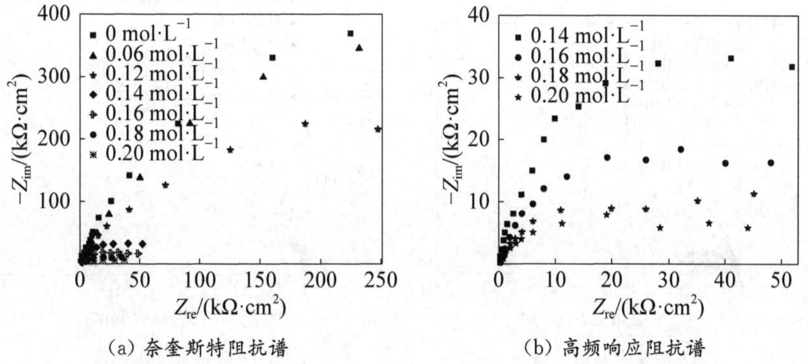

(a) 奈奎斯特阻抗谱　　(b) 高频响应阻抗谱

图 6.10　pH 值为 11.6 的奈奎斯特阻抗图和等效电路(Ⅱ)拟合

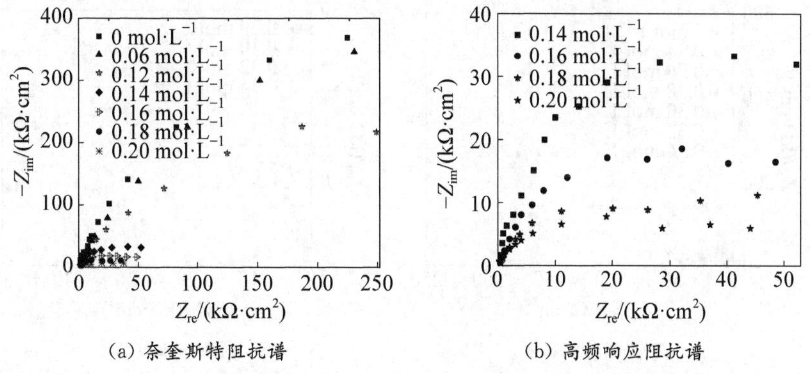

(a) 奈奎斯特阻抗谱　　(b) 高频响应阻抗谱

图 6.11　pH 值为 11.6 的奈奎斯特阻抗图和等效电路(Ⅲ)拟合

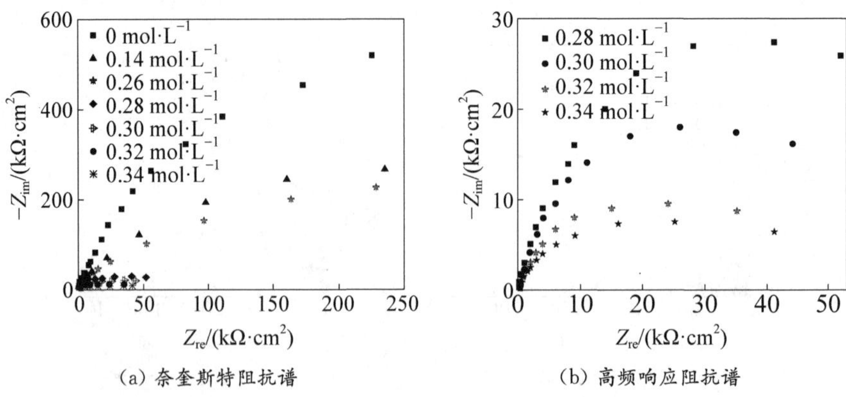

(a) 奈奎斯特阻抗谱　　(b) 高频响应阻抗谱

图 6.12　pH 值为 12.6 的奈奎斯特阻抗图和等效电路(Ⅰ)拟合

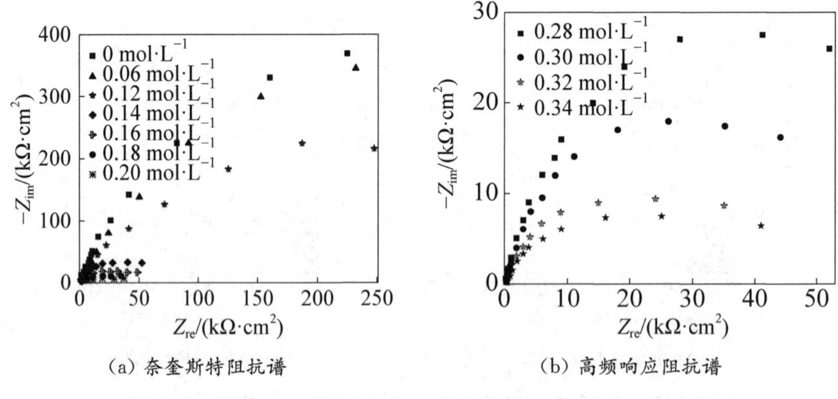

(a) 奈奎斯特阻抗谱　　(b) 高频响应阻抗谱

图 6.13　pH 值为 12.6 的奈奎斯特阻抗图和等效电路(Ⅱ)拟合

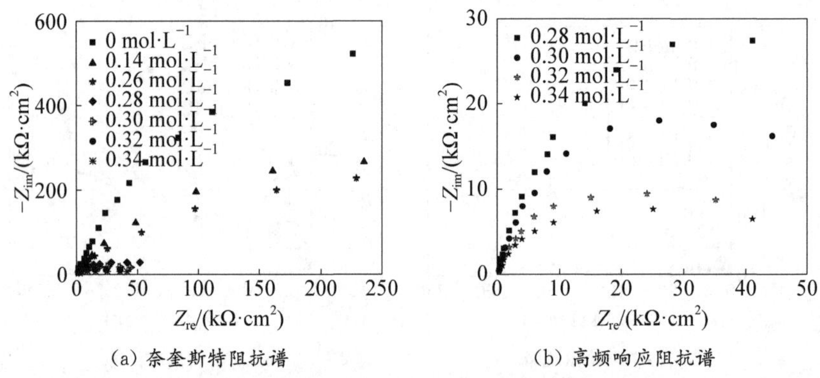

(a) 奈奎斯特阻抗谱　　(b) 高频响应阻抗谱

图 6.14　pH 值为 12.6 的奈奎斯特阻抗图和等效电路(Ⅲ)拟合

根据图 6.6～图 6.14 所示的不同 pH 值孔隙模拟液中铬合金钢筋

奈奎斯特实测值与拟合值的关系，利用式(6.4)和式(6.5)计算 χ^2 的值。3种 pH 值模拟液中铬合金钢筋的 χ^2 值计算结果如表 6.3～表 6.4 所示。

表 6.3 等效电路的 χ^2 值(pH=10.6)

氯离子浓度/(mol·L^{-1})	等效电路的 χ^2 值		
	等效电路(Ⅰ)	等效电路(Ⅱ)	等效电路(Ⅲ)
0	3.23×10^{-4}	5.34×10^{-4}	3.79×10^{-4}
0.02	7.49×10^{-4}	8.17×10^{-4}	3.88×10^{-4}
0.03	5.89×10^{-4}	7.05×10^{-4}	4.06×10^{-4}
0.04	8.35×10^{-4}	5.02×10^{-4}	3.23×10^{-4}
0.06	7.88×10^{-4}	2.13×10^{-4}	3.89×10^{-4}
0.08	3.13×10^{-2}	9.87×10^{-4}	5.02×10^{-4}
0.10	7.29×10^{-2}	8.53×10^{-4}	7.13×10^{-4}

表 6.4 等效电路的 χ^2 值(pH=11.6)

氯离子浓度/(mol·L^{-1})	等效电路的 χ^2 值		
	等效电路(Ⅰ)	等效电路(Ⅱ)	等效电路(Ⅲ)
0	9.43×10^{-4}	4.43×10^{-4}	8.23×10^{-4}
0.06	1.03×10^{-3}	5.74×10^{-4}	9.76×10^{-4}
0.12	7.45×10^{-4}	3.89×10^{-4}	4.43×10^{-4}
0.14	3.64×10^{-3}	8.71×10^{-4}	2.87×10^{-3}
0.16	4.64×10^{-2}	1.74×10^{-4}	7.63×10^{-3}
0.18	8.23×10^{-4}	4.62×10^{-4}	8.74×10^{-4}
0.20	3.87×10^{-3}	7.23×10^{-4}	3.94×10^{-3}

表 6.3 给出了 pH 值为 10.6 的孔隙模拟液中铬合金钢筋阻抗的 χ^2

值,由等效电路(Ⅰ)得到的χ^2值范围为$3.23\times10^{-4}\sim7.29\times10^{-2}$,由等效电路(Ⅱ)得到的$\chi^2$值范围为$2.13\times10^{-4}\sim9.87\times10^{-4}$,由等效电路(Ⅲ)得到的$\chi^2$值范围为$3.23\times10^{-4}\sim7.13\times10^{-4}$。由此可以看出,在pH值为10.6的孔隙模拟液中,等效电路(Ⅲ)的铬合金钢筋奈奎斯特阻抗图符合性最好。同样,由表6.4和表6.5中的χ^2值看出,等效电路(Ⅱ)更适合于pH值为11.6的孔隙模拟液中铬合金钢筋奈奎斯特阻抗谱的描述,而等效电路(Ⅰ)更适合于pH值为12.6的孔隙模拟液中铬合金钢筋奈奎斯特阻抗谱的描述。

表6.5 等效电路的χ^2值(pH=12.6)

氯离子浓度/(mol·L^{-1})	等效电路的χ^2值		
	等效电路(Ⅰ)	等效电路(Ⅱ)	等效电路(Ⅲ)
0	3.31×10^{-4}	9.98×10^{-4}	9.56×10^{-4}
0.02	4.64×10^{-4}	9.31×10^{-4}	7.42×10^{-4}
0.03	5.23×10^{-4}	8.87×10^{-4}	7.56×10^{-4}
0.04	9.31×10^{-4}	8.37×10^{-4}	8.54×10^{-4}
0.06	3.92×10^{-4}	3.63×10^{-4}	9.32×10^{-4}
0.08	3.37×10^{-2}	4.42×10^{-4}	7.11×10^{-4}
0.10	4.62×10^{-2}	5.82×10^{-4}	8.34×10^{-3}

6.3.2 等效电路参数分析

在pH值为12.6的孔隙模拟液中,可选取等效电路图6.5(Ⅰ)对铬合金钢筋的奈奎斯特图进行拟合,根据式(6.4)和式(6.5)计算的χ^2值可知,等效电路各参数的拟合结果如表6.6所示。从表6.6中可以看出,铬合金钢筋钝化膜的阻抗值随氯离子浓度的增大逐渐减小,初始值为1 123 kΩ·cm^2。当氯离子浓度增大至0.28 mol·L^{-1}时,钝化膜电阻降低到 41 kΩ·cm^2;处于钝化状态时,钝化膜电阻下降较快。当铬合金钢筋钝化膜遭到破坏后,氯离子引起大面积点蚀,钝化膜电阻均在 60 kΩ·cm^2 以下,说明铬合金钢筋的腐蚀加剧,逐渐发展为局部腐蚀状态。

表 6.6 等效电路(Ⅰ)的电化学参数

氯离子浓度/(mol·L^{-1})	R_b/(Ω·cm^2)	Q_c/(μF·cm^{-2})	η	R_c/(kΩ·cm^2)
0	101.2	3.4	0.94	1123
0.14	97.5	4.2	0.93	574
0.26	92.9	7.3	0.93	327
0.28	58.3	12.4	0.88	41
0.30	67.4	11.5	0.81	32
0.32	73.9	12.9	0.82	19
0.34	83.5	13.3	0.78	13

在 pH 值为 11.6 的孔隙模拟液中,选取图 6.5(Ⅱ)所示的双层钝化膜电路对铬合金钢筋的钝化膜特性进行拟合,等效电路各参数的拟合结果如表 6.7 所示。可以看出,钝化膜内层电阻 R_n 初始值为 3 214 kΩ·cm^2,随着氯离子浓度的不断增加,其值不断增大;当氯离子浓度达到门限阈值时,其值又开始降低,最后降低到 4 623 kΩ·cm^2;而钝化膜外层电阻 R_w 一直处于下降状态,从起初的 821 kΩ·cm^2 降低至氯离子浓度为 0.20 mol·L^{-1} 时的 14 kΩ·cm^2,这是由于随着氯离子浓度的增加,外层钝化膜不断被破坏。对于内层钝化膜,由于受到外层钝化膜的保护,而处于自我修复的状态,未受到氯离子侵蚀,厚度略增加,内层电阻增大。当外层钝化膜完全被破坏时,内层钝化膜就开始受到侵蚀且不断加剧,逐步被破坏。因此,内层钝化膜电阻随着氯离子浓度增加到门限阈值时又开始逐渐减小。

表 6.7 等效电路(Ⅱ)的电化学参数

氯离子浓度/($mol \cdot L^{-1}$)	R_b/($\Omega \cdot cm^2$)	Q_n/($\mu F \cdot cm^{-2}$)	η	R_n/$k\Omega \cdot cm^2$	Q_w/($\mu F \cdot cm^{-2}$)	η	R_w/$k\Omega \cdot cm^2$
0	4.6	0.23	0.97	3214	7.2	0.97	821
0.06	7.8	0.46	0.98	4536	8.4	0.96	607
0.12	3.4	1.23	0.96	4765	9.6	0.94	367
0.14	3.2	0.78	0.97	5287	4.6	0.93	47
0.16	7.7	12.1	0.97	5233	3.8	0.92	28
0.18	14.3	15.3	0.94	4817	10.4	0.78	19
0.20	5.4	13.5	0.92	4623	14.6	0.82	14

在 pH 值为 10.6 的孔隙模拟液中，选取图 6.5(Ⅲ)所示的等效电路对铬合金钢筋的钝化膜特性进行拟合，表 6.8 给出了等效电路的拟合参数。从表中可以看出，随着孔隙模拟液中氯离子浓度的不断增加，钝化膜电阻 R_c 从 622 $k\Omega \cdot cm^2$ 逐渐降低到 10 $k\Omega \cdot cm^2$，钢筋表面双层电容 Q_{dl} 的幅值从 9.8 $\mu F \cdot cm^{-2}$ 逐步升高至 17.7 $\mu F \cdot cm^{-2}$，双电层电容弥散指数 η 从 0.97 降低到 0.78，电荷转移反应电阻 R_{dl} 从 43 $k\Omega \cdot cm^2$ 降低到 2.1 $k\Omega \cdot cm^2$。这是因为随着氯离子浓度的不断增加，铬合金钢筋腐蚀加剧，钝化膜电阻降低。随着氯离子对铬合金钢筋的侵蚀，整个钢筋表面变得疏松，腐蚀速度加快，电荷转移所受阻力降低，使得电荷转移反应电阻 R_{dl} 降低；而钢筋表面变得疏松不致密，致使表面光滑程度降低，双电层电容弥散指数 η 越来越远离 1。

表 6.8 等效电路(Ⅲ)的电化学参数

氯离子浓度/($mol \cdot L^{-1}$)	R_b/($\Omega \cdot cm^2$)	Q_c/($\mu F \cdot cm^{-2}$)	η	R_c/($k\Omega \cdot cm^2$)	Q_{dl}/($\mu F \cdot cm^{-2}$)	η	R_{dl}/($k\Omega \cdot cm^2$)
0	55.4	12.4	0.77	622	9.8	0.97	43
0.02	123.8	14.6	0.77	402	11.4	0.96	37
0.03	79.6	17.1	0.75	247	12.1	0.96	21

(续表)

氯离子浓度/(mol·L^{-1})	R_b/(Ω·cm^2)	Q_c/(μF·cm^{-2})	η	R_c/(kΩ·cm^2)	Q_{dl}(μF·cm^{-2})	η	R_{dl}/(kΩ·cm^2)
0.04	57.9	13.9	0.74	22	13.5	0.94	5
0.06	134.3	8.4	0.72	18	13.8	0.93	4
0.08	141.2	9.6	0.66	12	15.2	0.87	2.3
0.10	153.1	23.4	0.69	10	17.7	0.78	2.1

6.4 混凝土孔隙模拟液中铬合金耐蚀钢筋的腐蚀电流分析

根据式(5.2),不同pH值孔隙模拟液中铬合金钢筋的腐蚀电流可以用极化电阻求得。对于pH值为12.6的孔隙模拟液,铬合金钢筋的极化电阻为等效电路图6.5(Ⅰ)中的钝化膜电阻R_c。对于等效电路图6.5(Ⅱ),极化电阻为钢筋表面内层钝化膜电阻R_n与外层钝化膜电阻R_w之和。而对于等效电路图6.5(Ⅲ),极化电阻为钝化膜电阻R_c与电荷转移反应电阻R_{dl}之和。由式(6.2)计算绘制得到的腐蚀电流曲线图如图6.15(a)(b)和(c)所示。可以看出,在不同pH值的孔隙模拟液中,铬合金钢筋腐蚀电流均随着氯离子浓度的增加而增大,且在氯离子门限阈值浓度处,腐蚀电流均开始急剧增大,均大于0.1 μA·cm^{-2}。铬合金钢筋进入腐蚀状态后即氯离子浓度达到门限阈值,腐蚀电流开始呈显著变化,这与6.2节腐蚀电位分析的氯离子门限阈值结果相一致。

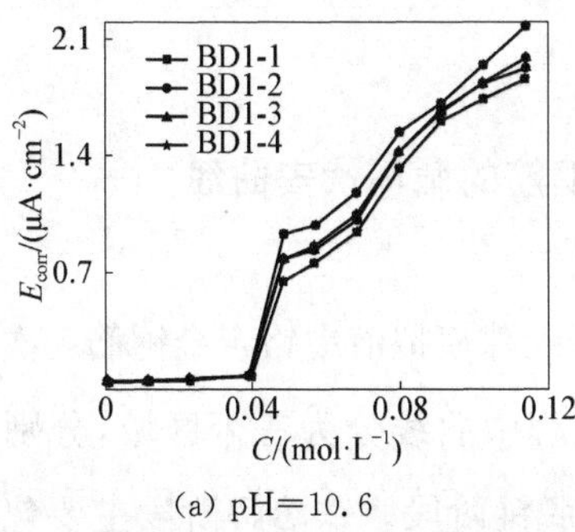

(a) pH=10.6

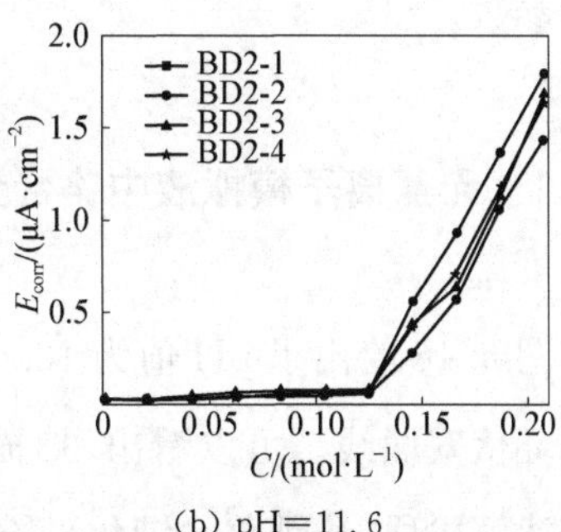

(b) pH=11.6

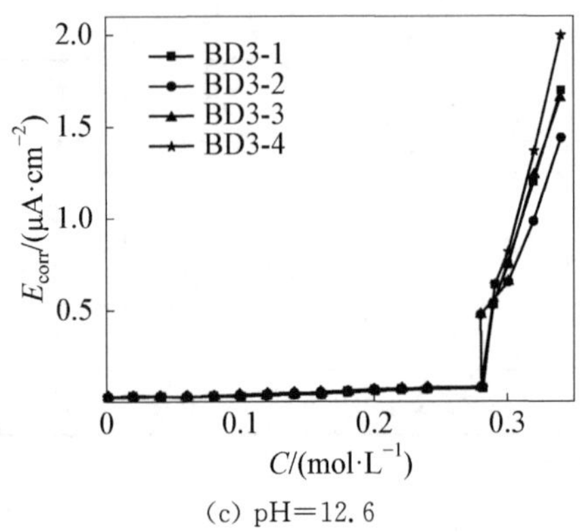

(c) pH=12.6

图 6.15 孔隙模拟液中铬合金钢筋的腐蚀电流曲线

6.5 混凝土孔隙模拟液中铬合金耐蚀钢筋的循环伏安曲线

循环伏安法是一种电化学分析方法，通过控制电极电势，按不同的速率随时间以三角波形反复扫描，并记录电流-电势曲线。循环伏安曲线包括两部分，上半部分电位向阳极方向扫描，活性物质在电极上发生氧化反应，产生氧化波形；下半部分电位向阴极方向扫描，氧化反应的产物又会在电极上发生还原反应，产生还原波形。如果活性物质可逆性差，则氧化峰值和还原峰值就不同，曲线不对称，即若反应可逆，则曲线上下对称，若反应不可逆，则曲线上下不对称[224]。根据测试结果，可以定量确定反应物浓度、反应的传递系数和电极表面吸附物的覆盖度等动力学参数。

6.5.1 无氯离子模拟液中铬合金钢筋的循环伏安曲线

图 6.16 给出了 pH 值为 12.6 的孔隙模拟液中铬合金钢筋 5 次扫描的循环伏安曲线。可以看出，扫描过程中曲线分为三个区域，分别对应于铁溶解阶段(预钝化)、钝化阶段和脱钝阶段。铁溶解阶段主要包括三

个阳极反应顶点 A1($Fe \rightarrow Fe^{+2}$)、A2($Fe^{+2} \rightarrow Fe^{+3}$)和 A3($Fe_3O_4 \rightarrow \gamma$-$Fe_2O_3$、$\gamma$-FeOOH),峰值 A1 出现于−1.15～−1.07 V 区域,峰值 A2 出现于−0.71～−0.62 V 区域,峰值 A3 出现于−0.41～−0.34 V 区域,随后钢筋进入钝化阶段,即曲线的−0.15～0.58 V 区域。在电压大于 0.58 V 的区域,电流急剧增大,即铬合金钢筋开始脱钝,出现吸氧反应。随着反向扫描的开始,阴极反应出现了两个顶点 C1 和 C2, C1 对应于阳极反应 A2 和 A3,出现于−0.92～−1.08 V 的区域;而顶点 C2 则对应于阳极反应的 A1,出现于−1.28～−1.34 V 的区域。随着曲线的继续负移,电流急剧减小,模拟孔隙溶液出现析氢现象。随着循环伏安曲线扫描次数的增加,阳极反应顶点 A1、A2 和 A3 的幅值均增大,相应的阴极反应 C1 和 C2 也反向增大[95]。

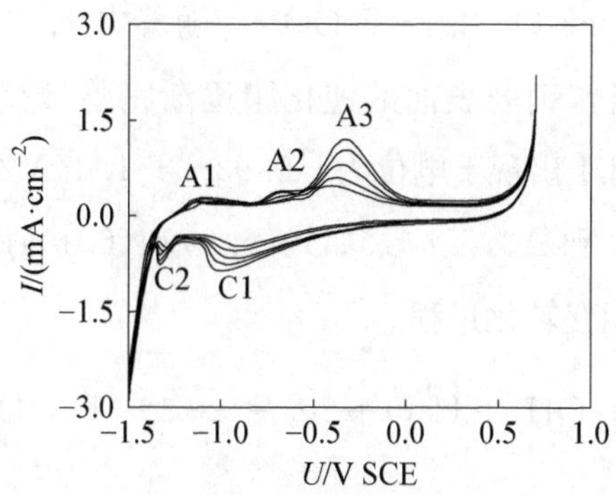

图 6.16 pH 值为 12.6 的孔隙模拟液中铬合金钢筋 5 次扫描的循环伏安曲线

图 6.17 给出了不同 pH 值孔隙模拟液中铬合金钢筋第 5 次扫描的循环伏安曲线。可以看出,在 pH 值为 12.6 的孔隙模拟液中,出现了三个阳极氧化峰值 A1、A2 和 A3 与两个阴极还原峰值 C1 和 C2。阳极氧化峰值 A1 的电位为−1.15 V,溶解阶段反应如式(6.6)所示,对应的阴极还原峰值 C2 的电位为−1.34 V,主要反应为 $Fe \longleftrightarrow Fe^{+2}$。

$$Fe + 2OH^- \longleftrightarrow Fe(OH)_2 + 2e^- \tag{6.6}$$

阳极电流峰值 A2 的电位为−0.71 V,反应如式(6.7)和(6.8)所示,即第一个峰值 A1 的生成物 $Fe(OH)_2$ 在碱性溶液中又反应生成了 Fe_3O_4，该反应表明钝化膜开始形成。对于含铁元素的氧化物，铬合金钢筋钝化膜内层主要由 Fe_3O_4 构成，而外层膜成分主要为 $\gamma-Fe_2O_3$ 和 $\gamma-FeOOH$，Fe_3O_4 又称为磁铁氧化物，结构形式为反式尖晶石结构。磁铁矿中 Fe^{2+} 和 Fe^{3+} 基本无序排列在八面体位置，电子可在 Fe^{2+} 与 Fe^{3+} 两种氧化态间快速转移，故而磁铁矿不会稳定存在于碱性溶液中，部分会继续反应并形成峰值 A3。

$$Fe(OH)_2 + 2OH^- \longleftrightarrow Fe_3O_4 + 4H_2O + 2e^- \tag{6.7}$$

$$3FeO + 2OH^- \longleftrightarrow Fe_3O_4 + 2e^- \tag{6.8}$$

当电位处于−0.41～−0.34 V 之间时，阳极反应峰值 A3 出现，反应产物主要为 $\gamma-Fe_2O_3$ 和 $\gamma-FeOOH$。随着式(6.7)与(6.8)所示的反应过程的不断进行，钢筋表面的钝化膜逐渐完善，最终进入钝化阶段。阴极电流的峰值 C1 出现于电位为−0.92～−1.08 V 之间，主要对应于阳极氧化反应 A2 和 A3，反应式如式(6.9)和(6.10)所示，为 Fe_3O_4 和 $3\gamma-FeOOH$ 的相互转化过程。

$$Fe_3O_4 + OH^- + H_2O + 2e^- \longleftrightarrow 3\gamma-FeOOH + e^- \tag{6.9}$$

$$2Fe_3O_4 + 2OH^- + 2H_2O \longleftrightarrow 3\gamma-Fe_2O_3 + H_2O + 2e^- \tag{6.10}$$

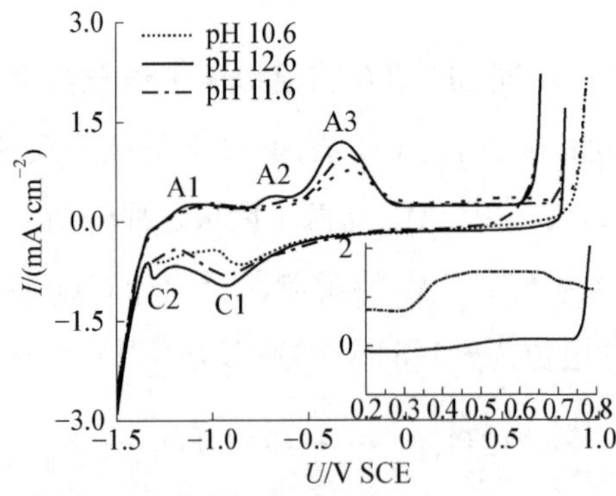

图 6.17　孔隙模拟液中铬合金钢筋第 5 次扫描的循环伏安曲线

对于 pH 值为 11.6 和 10.6 的孔隙模拟液，相比于 pH 值为 12.6 的情况，阳极电流峰值顶点发生了一定偏移，顶点 A1、A2 和 A3 均下降，对应的 C1 和 C2 峰值也降低。这主要是由于溶液碱性变弱，钝化膜形成过程相对较慢。在 pH 值为 11.6 的孔隙模拟液中，A1、A2、A3、C1 和 C2 出现的电位分别为 −1.01 V、−0.67 V、−0.29 V、−0.89 V 和 −1.31 V。对于 pH 值为 10.6 的孔隙模拟液，A1、A2、A3、C1 和 C2 出现的电位分别为 −1.08 V、−0.63 V、−0.36 V、−0.85 V 和 −1.26 V。阳极峰值反应 A1、A2 和 A3 均是铬合金钢筋钝化膜形成过程，反应后钝化膜中铁化合物的主要成分为 Fe_3O_4、$\gamma-Fe_2O_3$ 和 $\gamma-FeOOH$。由图 6.17 可以看出，在 pH 值为 10.6 的孔隙模拟液中，电位在 0.2～0.8 V 之间时电流逐步增大，期间完成了由 Cr^{3+} 转化为 Cr^{6+} 的过程[96]。Cr^{3+} 的主要作用是对钝化膜进行自我修复，当钝化膜外层受到一定腐蚀破坏时，铬的氧化物及其氢氧化物会对钝化膜进行修复和保护。因此，只有 pH 值为 10.6 的孔隙模拟液中出现了铬的转化过程，在 pH 值为 11.6 的孔隙模拟液中，电位为 0.2～0.8 V 时也有微小的电流增加过程，但不明显。由此可见，只有受到较强的腐蚀作用时，上述铬的转化过程才会出现。不同 pH 值孔隙模拟液中钢筋阳极的吸氧反应电位 E_{ox} 也不同，随着 pH 值的升高，吸氧电位降低，如图 6.18 所示。

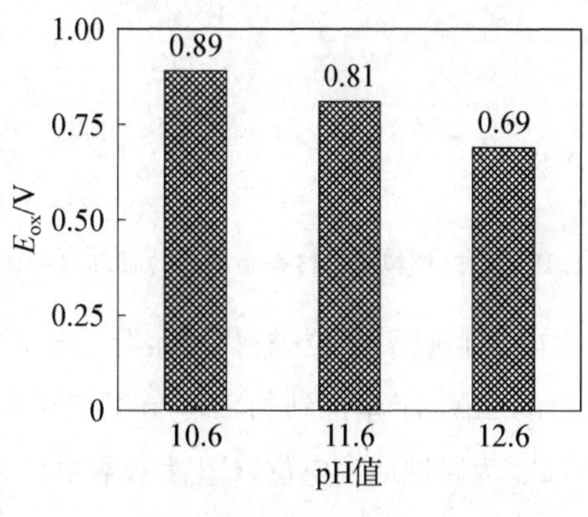

图 6.18 E_{ox} 值

6.5.2 孔隙模拟液中铬合金耐蚀钢筋的循环伏安曲线

图 6.19 给出了 pH 值为 12.6 的孔隙模拟液中 3 种典型氯离子浓度下第 5 次扫描的铬合金钢筋的循环伏安曲线，其中图 6.19(b)为无氯离子的孔隙模拟液中铬合金钢筋的循环伏安曲线。从图 6.19 中可以看出，相对于无氯离子的孔隙模拟液中的循环伏安曲线，氯离子浓度为 0.14 mol・L^{-1} 的铬合金钢筋循环伏安曲线在铁溶解阶段会出现两个阳极峰值，钝化阶段的电流略有增加。当氯离子浓度增大到门限阈值浓度时，钝化区明显缩小，铁溶解阶段曲线的阳极反应峰值不明显；无氯离子孔隙模拟液中铬合金钢筋的吸氧电位变化显著。模拟液中添加氯离子后，钝化阶段电流急剧增大的起始点对应的电位称为腐蚀萌生电位 E_{st}。随着添加氯离子浓度的增加，当氯离子浓度达到 0.34 mol・L^{-1}，整个曲线的钝化区进一步缩小，腐蚀萌生电位也逐渐减小。

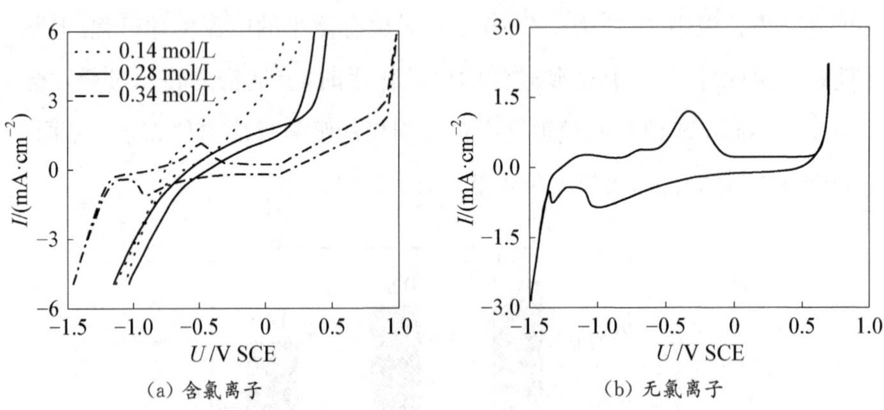

(a) 含氯离子　　(b) 无氯离子

图 6.19　孔隙模拟液中铬合金钢筋的循环伏安曲线

针对腐蚀萌生电位和吸氧电位进行分析，将 ΔE 定义为式(6.11)，计算不同 pH 值下的 ΔE，计算得到的 ΔE 与氯离子浓度的关系如图 6.20 所示。式中，E_{st} 为腐蚀萌生电位；E_{ox} 为吸氧电位。

$$\Delta E = E_{st} - E_{ox} \tag{6.11}$$

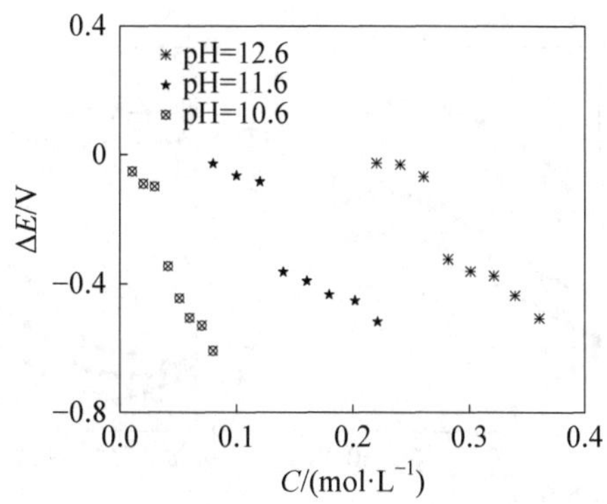

图 6.20 ΔE 与氯离子浓度的关系

从图中可以看出，在 pH 值为 10.6、11.6 和 12.6 的孔隙模拟液中，当氯离子浓度分别达到门限阈值 0.04 mol·L^{-1}、0.14 mol·L^{-1} 和 0.28 mol·L^{-1} 时，ΔE 均骤降至−0.3 V 以下。当不同 pH 值孔隙模拟液中氯离子浓度大于其门限阈值后，ΔE 与孔隙模拟液的 pH 值和氯离子浓度 C 呈现线性关系，利用 Matlab 软件进行线性拟合，得到式(6.12)。式中，C 为氯离子浓度，pH 为孔隙模拟液的 pH 值。

$$\Delta E = (C - 0.0224\text{pH} + 0.202)^{0.9-0.093\text{pH}} - 1.88 \qquad (6.12)$$

6.6 混凝土孔隙模拟液中铬合金耐蚀钢筋的莫特-肖特基曲线分析

图 6.21(a)(b)和(c)给出了不同 pH 值孔隙模拟液中不同氯离子浓度时铬合金钢筋的莫特-肖特基曲线。从图中可以看出，在相同的 pH 值下，随着氯离子浓度的升高，平带电位向着负方向移动。这主要是由于随着氯离子浓度增加，阴离子在钝化膜表面吸附能量的能力增加致使负电荷量增大。当电极电位高于平带电位时，整个莫特-肖特基曲线呈一条直线，根据直线的斜率可以求得钝化膜的施主密度；斜率为正，钝化膜呈现 N 型半导体特征；斜率为负，钝化膜呈现 P 型半导体特征。

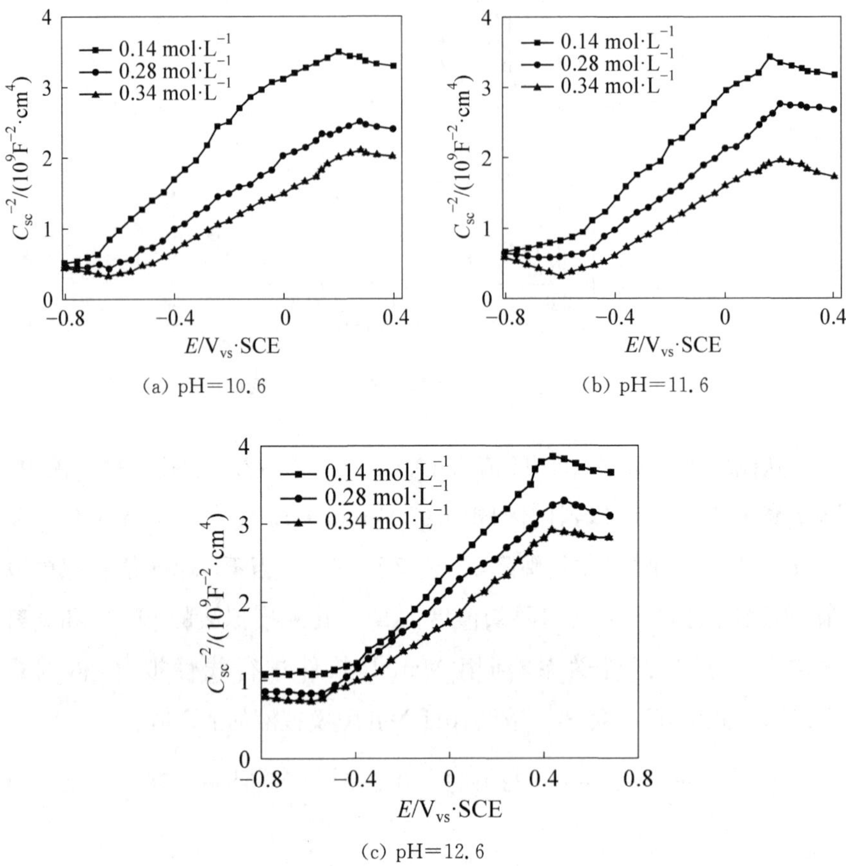

图 6.21 孔隙模拟液中铬合金钢筋的莫特-肖特基曲线

由图 6.21 可以看出，莫特-肖特基曲线直线部分的斜率大于 0，说明钝化膜呈现 N 型半导体，根据斜率计算的施主密度如图 6.22 所示。由图 6.22 可以看出，施主密度能够有效表征金属表面钝化膜的缺陷情况，施主密度越大说明缺陷越多，越容易发生点蚀，而平带电位则是金属表面发生局部腐蚀敏感性的具体表现。在相同的 pH 值下，平带电位随着氯离子浓度升高而正移，施主密度随着氯离子浓度升高而增大，即越容易发生点腐蚀。

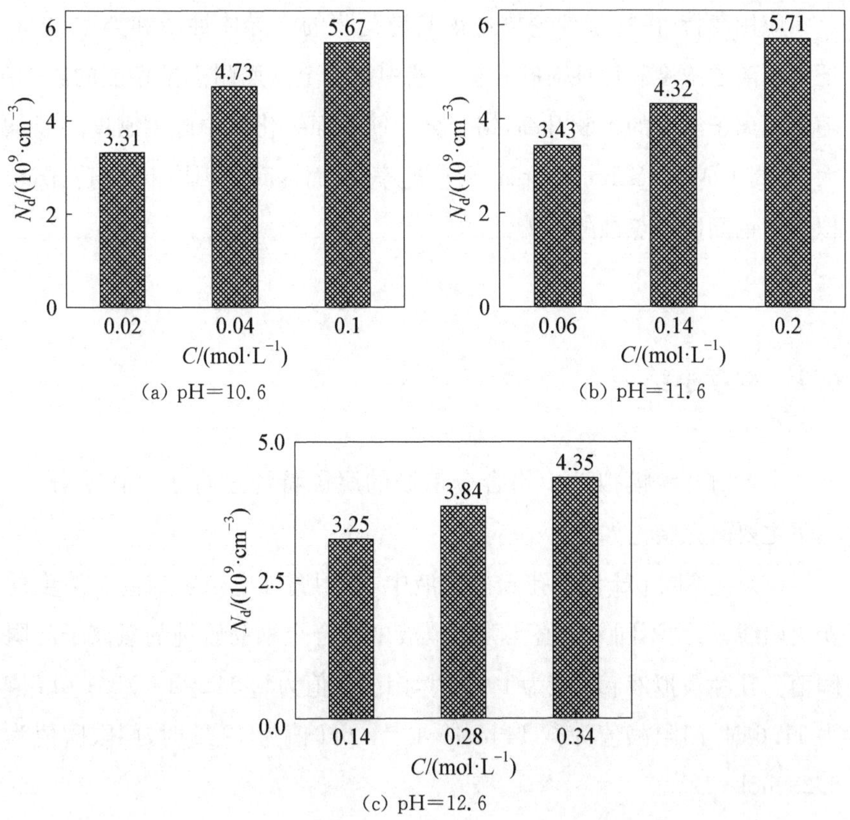

图 6.22 孔隙模拟液中铬合金钢筋的钝化膜施主密度

根据 MacDonald 提出的点缺陷模型(PDM)[226],当铬合金钢筋钝化膜表面处于含有氯离子的介质中时,氧空位与氯离子会通过 Mott-Schottky pair 反应生成新的氧空位/金属离子空位对,新生成的氧空位继续与其他氯离子反应,生成更多的金属离子空位。随着介质中氯离子含量的不断升高,钢筋表面钝化膜与氯离子相互碰撞接触的概率也增加,进而促进了 Mott-Schottky pair 反应进行,加速了金属离子空位的生成。金属离子空位会很快聚集于钢筋基体和钝化膜之间的部分区域,阻碍钢筋钝化膜的生长,从而破坏稳定钝化膜的生长/溶解动态平衡。因此,氯离子浓度较高时,钢筋表面钝化膜氧化物会在相对较低的电位下发生部分区域的溶解,从而导致钢筋钝化膜破裂和点蚀的发生。

应用莫特-肖特基理论描述钢筋钝化膜的半导体性质和类型，也验证了氯离子浓度和侵蚀对孔隙模拟液中铬合金钢筋耐点蚀性能的影响。随着氯离子浓度的不断升高，铬合金钢筋表面钝化膜中施主密度不断增大，提高了 Mott-Schottky pair 反应速率，从而提高了不同 pH 值孔隙模拟液中钢筋诱发点蚀的可能性。

6.7 本章小结

本章对孔隙模拟液中铬合金钢筋的腐蚀特性进行了电化学分析。本章主要研究结论如下：

(1) 在不同 pH 值的孔隙模拟液中，利用腐蚀电位随氯离子浓度的变化曲线，得到不同 pH 值孔隙模拟液中铬合金钢筋脱钝的氯离子门限阈值。孔隙模拟液 pH 值为 10.6 时，门限阈值为 $0.04\,mol \cdot L^{-1}$；pH 值为 11.6 时，门限阈值为 $0.14\,mol \cdot L^{-1}$；pH 值为 12.6 时，门限阈值为 $0.28\,mol \cdot L^{-1}$。

(2) 根据不同 pH 值孔隙模拟液中铬合金钢筋的阻抗特性，建立不同的等效电路。分析不同 pH 值孔隙模拟液中铬合金钢筋的奈奎斯特阻抗谱，阻抗谱主要分为两个部分：钝化阶段和钝化膜破坏后的腐蚀阶段。采用三种不同的等效电路对不同 pH 值孔隙模拟液铬合金钢筋的奈奎斯特阻抗谱进行拟合，分别得到适合不同 pH 值孔隙模拟液的等效电路，并进一步得到所适用等效电路的电化学参数。

(3) 基于循环伏安特性分析了不同 pH 值孔隙模拟液中铬合金钢筋的氧化还原反应，分别建立了三个不同 pH 值孔隙模拟液中腐蚀萌生电位与吸氧电位之间的差值和氯离子浓度的拟合曲线。利用拟合曲线能够预测不同 pH 值孔隙模拟液的氯离子门限阈值。

(4) 提出了腐蚀萌生电位与吸氧电位差值同混凝土中氯离子浓度和 pH 值关系的表达式，可用于评估混凝土中钢筋的腐蚀状况。

7

结论与展望

7.1 结论

本书利用电化学分析方法对海洋水利工程钢筋混凝土结构的健康监测进行研究，包括混凝土水泥水化过程、混凝土中氯离子扩散、碳钢钢筋腐蚀和铬合金钢筋腐蚀四个方面。首先，对混凝土水泥水化过程不同阶段的电化学特性进行了研究，建立了水泥水化过程的等效电路并通过拟合得到电路的电化学参数，分析了不同水灰比和不同粉煤灰掺量下电化学参数的特征和变化；对混凝土中氯离子的扩散特性进行研究，分析水灰比、单掺粉煤灰、单掺矿渣和复掺粉煤灰/矿渣对混凝土氯离子扩散的影响及电化学阻抗特性的变化；对混凝土孔隙模拟液中碳钢钢筋的钝化、脱钝和腐蚀过程进行了电化学分析，得到钢筋形成钝化膜的最小 pH 值、钢筋脱钝的氯离子门限阈值以及腐蚀过程的阻抗特性；对孔隙模拟液中铬合金钢筋的腐蚀特性进行了电化学分析，采用三种不同的等效电路对铬合金钢筋的奈奎斯特阻抗谱进行拟合，得到与各阻抗谱适应性吻合的等效电路及各等效电路的电化学参数。基于循环伏安特性，建立了不同 pH 值孔隙模拟液中铬合金钢筋的腐蚀萌生电位与吸氧电位之间的差值和侵入氯离子浓度的关系。研究得到的主要结论如下：

(1) 随着水化龄期的增加,混凝土中孔隙率不断减小,孔隙溶液中离子在多孔介质中的扩散阻力不断增大。随着水灰比的增加,孔隙溶液电解质电阻 R_s、电荷转移反应电阻 R_{ct} 和扩散阻抗系数 δ 均呈现减小的趋势,而 C-S-H 凝胶中双电层电容 C_d 没有显著变化。水灰比越小,混凝土孔隙率越小,孔径的分布和平均孔径越小,结构越密实。在相同龄期条件下,粉煤灰掺量越大,水泥水化基体电阻 R_1 的增长率越低,说明水泥水化速率随粉煤灰掺量的增大而降低。由于粉煤灰颗粒粒径小于水泥颗粒粒径,充分发挥了粉煤灰的填充效应和微集料效应,使连通路径阻塞,混凝土孔隙率减小。粉煤灰混凝土抗压强度与基体电阻 R_1 之间呈线性关系。因此,对海洋环境下的钢筋混凝土结构,掺加矿渣或粉煤灰有助于减缓氯离子的侵蚀。

(2) 随着水灰比增加,混凝土孔隙率不断增大,氯离子扩散加快,自由氯离子浓度增加,不同龄期和水灰比条件下的氯离子峰值浓度曲线近似符合对数规律。对于不同粉煤灰掺量的混凝土,相同深度下自由氯离子浓度随粉煤灰掺量的增加而减小,自由氯离子浓度随着侵蚀时间延长而增大,对流区的长度也有增长趋势。对于相同掺量的矿渣混凝土,自由氯离子浓度峰值随着侵蚀时间的增加而增大,相同扩散深度下自由氯离子浓度随矿渣掺量的增加而减小。复合掺加矿物掺和料(质量分数 20%矿渣和 10%粉煤灰)混凝土的对流区和扩散区吸收的自由氯离子浓度均比单掺质量分数 30%粉煤灰或矿渣的低。相对于单掺质量分数 30%的粉煤灰或者矿渣,相同侵蚀时间下复掺粉煤灰/矿渣混凝土中氯离子浓度的峰值更低。因此,复掺粉煤灰/矿渣混凝土的抗氯离子侵蚀性能比单掺粉煤灰或者矿渣的好。相同浸泡环境下,孔溶液电解质电阻 R_s、电荷转移反应电阻 R_{ct} 和扩散阻抗系数 δ 均随着水灰比的增加而减小,且随着矿物掺和料的增加而增大;而混凝土双电层电容 C_d 没有显著的变化规律。不同的浸泡环境下,浸泡在盐水环境中的电荷转移反应电阻 R_{ct} 和扩散阻抗系数 δ 小于浸泡在清水中的相应值;浸泡在盐水环境中的孔溶液电解质电阻 R_s 和双电层电容 C_d 大于浸泡在清水中的相应值。

(3) 钢筋在 pH 值为 11.6 的孔隙模拟液中不能发生钝化，而在 pH 值为 12 的孔隙模拟液中可以正常钝化，且钝化需要的时间随着 pH 值的增大而减小。电化学分析显示钝化膜电阻越大，钝化膜越稳定，即溶液碱性越强，钝化膜越稳定，对钢筋的保护效果越好。随着 pH 值的增加，钢筋脱钝的临界氯离子浓度越高，对钢筋的保护时间越长。在 pH 值为 12.0 的孔隙模拟液中，钢筋脱钝的氯离子门限阈值为 0.05 mol · L^{-1}；pH 值为 12.6 的孔隙模拟液中，钢筋脱离钝化的氯离子门限阈值为 0.12 mol · L^{-1}；pH 值为 13.6 的孔隙模拟液中，钢筋脱离钝化的氯离子门限阈值为 0.44 mol · L^{-1}。莫特-肖特基曲线分析表明，氯离子含量较高时，钢筋表面钝化膜氧化物在较低的电位下就会发生部分区域的溶解，从而导致钝化膜破裂，点蚀发生。理论上可以建立混凝土中氯离子浓度与实测电化学参数的关系。

(4) 利用孔隙模拟液中铬合金钢筋腐蚀电位与氯离子浓度的关系曲线，得到不同 pH 值下孔隙模拟液中铬合金钢筋的氯离子脱钝阈值。pH 值为 10.6 时，门限阈值为 0.04 mol · L^{-1}；pH 值为 11.6 时，门限阈值为 0.14 mol · L^{-1}；pH 值为 12.6 时，门限阈值为 0.28 mol · L^{-1}。不同 pH 值孔隙模拟液中铬合金钢筋的奈奎斯特阻抗谱分为两个部分：钝化阶段和钝化膜被破坏的腐蚀阶段。利用循环伏安曲线，得到铬合金钢筋预钝化、钝化和脱钝阶段对应吸氧反应的电流峰值与析氢反应的电流峰值，这些峰值均随 pH 值降低溶液碱性变弱而降低。莫特-肖特基曲线分析表明，随着溶液中氯离子浓度的升高，平带电位向负方向移动，铬合金钢筋钝化膜呈现 N 型半导体特征。

7.2 展望

本书的研究工作主要集中于海洋水利工程结构中混凝土水泥水化、

混凝土中氯离子扩散、碳钢钢筋腐蚀以及铬合金钢筋腐蚀四个方面，重点采用电化学分析方法对模拟海洋环境下混凝土中钢筋的腐蚀性进行研究。研究具有一定的难度，需要掌握混凝土材料和电化学方面的知识，因此研究尚存在诸多需要完善之处，未来还需要进一步扩展和深化，主要包括以下几个方面：

(1) 在水泥水化过程研究中，只研究了不同水灰比混凝土和不同矿物掺和料混凝土水泥水化的过程。但是，目前多种新型材料在水泥基改性方面取得了较大进展，需要进一步研究新型材料对水泥水化过程的影响，发展具有耐久性更好的新型混凝土材料。

(2) 在钢筋腐蚀的研究中，只对普通钢筋和铬合金钢筋的腐蚀特性进行了电化学分析。应该进一步研究其他合金钢筋的腐蚀特性，针对特定使用环境推荐更为适合的耐蚀钢筋。

(3) 虽建立了混凝土孔隙模拟液中氯离子侵蚀深度与实测电化学参数的关系，但这方面的研究尚是初步的，由于结构实际工作环境条件与实验室试验条件及实际结构与实验室试件的差别，及其他多种复杂因素的影响，未来还需要做进一步的深入研究。

附录

符号	代表意义	单位
Cr	铬	—
NaCl	氯化钠	—
pH	酸碱度	—
C	氯离子浓度	—
C-S-H	水化硅酸钙凝胶	—
CPE(Q)	常相角元件	nF
R_s	孔隙溶液电解质电阻	$\Omega \cdot cm^2$
R_{ct}	电荷转移反应电阻	$\Omega \cdot cm^2$
C_d	C-S-H 凝胶双电层电容	nF
K	表征电容的大小	nF
q	常相角指数	—
d	水泥浆体表面分形维数	—
d_s	孔结构分形维数	—
Z_d	扩散阻抗	$\Omega \cdot cm^2$

（续表）

符号	代表意义	单位
δ	扩散阻抗系数	$k\Omega \cdot s^{-1/2}$
p	常相角指数	—
R_1	基体电阻	$\Omega \cdot cm^2$
Q_1	基体常相角元件	nF
c_1	基体电容	nF
n_1	基体常相角的弥散指数	nF
Q_2	非连通孔常相角	nF
n_2	非连通孔常相角的弥散指数	nF
R_2	非连通孔电阻	$\Omega \cdot cm^2$
c_2	非连通孔电容元件	nF
R^2	相关系数	—
I_{corr}	腐蚀电流	$\mu A \cdot cm^2$
E_{corr}	腐蚀电压	$mV \cdot cm^2$
R_b	钢筋溶液电阻	$\Omega \cdot cm^2$
R_c	钝化膜电阻	$k\Omega \cdot cm^2$
Q_c	钝化膜电容	$\mu F \cdot cm^{-2}$
R_{dl}	钢筋电荷转移反应电阻	$k\Omega \cdot cm^2$
Q_{dl}	钢筋表面双电层电容	$\mu F \cdot cm^{-2}$
R_k	并联电阻	$k\Omega \cdot cm^2$
Q_k	并联电容	$\mu F \cdot cm^{-2}$
R_n	钢筋钝化膜内层电阻	$k\Omega \cdot cm^2$
Q_n	钢筋钝化膜内层电容	$\mu F \cdot cm^{-2}$
R_w	钢筋钝化膜外层电阻	$k\Omega \cdot cm^2$
Q_w	钢筋钝化膜外层电容	$\mu F \cdot cm^{-2}$
η	电容的弥散指数	—

索引

[1] 孙艳云. 干寒地区混凝土梁桥病害机理分析及耐久性评估[D]. 兰州:兰州交通大学,2018.

[2] 唐洪刚. 矿物掺和料对混凝土中钢筋腐蚀进程的影响[D]. 南京:南京理工大学,2017.

[3] 曹卫群. 干湿交替环境下混凝土的氯离子侵蚀与耐久性防护[D]. 西安:西安建筑科技大学,2013.

[4] 李蕾蕾. 复杂环境下混凝土破坏机理研究[D]. 南昌:南昌大学,2008.

[5] MATHER B. Concrete durability[J]. Cement and Concrete Composites, 2004,26(1):3.

[6] 司可可. 基于耐久性的箱梁混凝土设计与施工技术研究[D]. 郑州:郑州大学,2013.

[7] 肖前慧. 冻融环境多因素耦合作用混凝土结构耐久性研究[D]. 西安:西安建筑科技大学,2010.

[8] 张波. 影响混凝土结构桥梁耐久性的主要因素及防治对策[J]. 交通世界,2013(6):208-209.

[9] 王泉清,胡圣江. 珠海海燕大桥检测与分析[J]. 广东公路交通,2002(4):26-28.

[10] 叶积镭. 灵昆特大桥提升荷载加固工程管理研究[J]. 交通建设与

管理,2012(6):78－79.

[11] GJØRV O E. Durability of reinforced concrete wharves in Norwegian harbours[J]. Matériaux Et Construction, 1969,2(6):467－476.

[12] 夏辉.基于FVM数值分析的海工混凝土结构耐久可靠度Monte Carlo模拟[D].烟台:烟台大学,2013.

[13] 乔伊夫.严酷环境下混凝土结构的耐久性设计[M].赵铁军,译.北京:中国建材工业出版社,2010:35－67.

[14] HAAGENRUD S E, KRIGSVOLL G. Instructions for quantitative classification of environmental degradation loads onto structures[EB/OL]. [2023－08－22]. https://www.researchgate.net/publication/265529360.

[15] SHAIKH F, MAALEJ M, Al TOUBAT S. Ductile fibre reinforced cementitious composites (DFRCC) for improved corrosion durability of reinforced concrete columns[J]. AIMS Materials Science, 2017,4(5):1078－1093.

[16] SCHÖLER A, LOTHENBACH B, WINNEFELD F, et al. Hydration of quaternary Portland cement blends containing blast-furnace slag, siliceous fly ash and limestone powder[J]. Cement and Concrete Composites, 2015,55:374－382.

[17] ABDALQADER A F, JIN F, Al-TABBAA A. Development of greener alkali-activated cement: utilisation of sodium carbonate for activating slag and fly ash mixtures[J]. Journal of Cleaner Production, 2016,113:66－74.

[18] MARAGHECHI H, SALWOCKI S, RAJABIPOUR F. Utilisation of alkali activated glass powder in binary mixtures with Portland cement, slag, fly ash and hydrated lime[J]. Materials and Structures, 2017,50(1):15.

[19] 严捍东.废渣特性及其多元复合对水泥基材料高性能的贡献与机

理[D]. 南京:东南大学,2001.

[20] KUA T A, ARULRAJAH A, HORPIBULSUK S, et al. Strength assessment of spent coffee grounds-geopolymer cement utilizing slag and fly ash precursors[J]. Construction and Building Materials, 2016, 115:565 - 574.

[21] CAI J, DONG F, LUO Z. Durability of Concrete Bridge Structure under Marine Environment[J]. Journal of Coastal Research, 2018, 83 (Spl):429 - 435.

[22] GOLDSCHMIDT A. About the hydration theory and the composition of the liquid phase of Portland cement[J]. Cement and Concrete Research, 1982, 12(6):743 - 746.

[23] BUDNIKOV P P, STRELKOV M I. Some recent concepts on Portland cement hydration and hardening[J]. Highway Research Board Special Report, 1966 (90):447 - 464.

[24] LAGUROS J G. Effect of chemicals on soil-cement stabilization [D]. Iowa: Iowa State University of Science and Technology, 1962.

[25] VAN BREUGEL K. Numerical simulation of hydration and microstructural development in hardening cement-based materials (I) theory[J]. Cement and Concrete Research, 1995, 25(2):319 - 331.

[26] WYRZYKOWSKI M, SCRIVENER K, LURA P. Basic creep of cement paste at early age: the role of cement hydration[J]. Cement and Concrete Research, 2019, 116:191 - 201.

[27] WANG L, YANG B, ABRAHAM A. Distilling middle-age cement hydration kinetics from observed data using phased hybrid evolution[J]. Soft Computing, 2016, 20(9):3637 - 3655.

[28] ZHANG J, PEI X, WANG W, et al. Hydration process and

rheological properties of cementitious grouting material[J]. Construction and Building Materials, 2017, 139: 221 - 231.

[29] ODLER I. Hydration, setting and hardening of Portland cement [M]. Lea's Chemistry of Cement and Concrete, 1998.

[30] KLEMCZAK B, BATOG M. Heat of hydration of low-clinker cements[J]. Journal of Thermal Analysis and Calorimetry, 2016, 123(2): 1351 - 1360.

[31] LI W, LI X, CHEN S J, et al. Effects of graphene oxide on early-age hydration and electrical resistivity of Portland cement paste[J]. Construction and Building Materials, 2017, 136: 506 - 513.

[32] HAN F, ZHANG Z, WANG D, et al. Hydration heat evolution and kinetics of blended cement containing steel slag at different temperatures[J]. Thermochimica acta, 2015, 605: 43 - 51.

[33] HUANG Y, LIU G, HUANG S, et al. Experimental and finite element investigations on the temperature field of a massive bridge pier caused by the hydration heat of concrete[J]. Construction and Building Materials, 2018, 192: 240 - 252.

[34] WANG L, YANG H Q, ZHOU S H, et al. Hydration, mechanical property and CSH structure of early-strength low-heat cement-based materials[J]. Materials Letters, 2018, 217: 151 - 153.

[35] 王志亮,丁庆军,黄修林. 两种表征粉煤灰-水泥复合浆体整体水化程度方法对比研究[J]. 武汉理工大学学报,2014,36(1):17 - 23.

[36] MOURET M, BASCOUL A, ESCADEILLAS G. Study of the degree of hydration of concrete by means of image analysis and chemically bound water[J]. Advanced Cement Based Materials, 1997, 6(3/4): 109 - 115.

[37] 何彦琪,蒋震,陈凯,等. 石灰石粉对水泥水化及 C - S - H 成核的动

力学影响[J]. 硅酸盐通报,2018(8):2531-2534.

[38] 高志扬,王圣文,吕兴栋,等. 钢渣粉-水泥复合体系水化热及动力学研究[J]. 长江科学院院报,2018,35(12):142-145.

[39] ZAJAC M, DURDZINSKI P, STABLER C, et al. Influence of calcium and magnesium carbonates on hydration kinetics, hydrate assemblage and microstructural development of metakaolin containing composite cements[J]. Cement and Concrete Research, 2018,106:91-102.

[40] FERNÁNDEZ-JIMÉNEZ A, GARAIA-LODEIRO I, MALTSEVA O, et al. Hydration mechanisms of hybrid cements as a function of the way of addition of chemicals[J]. Journal of the American Ceramic Society, 2019,102(1):427-435.

[41] LI X, SHUI Z, YU R, et al. Magnesium induced hydration kinetics of ultra-high performance concrete (uHPC) served in marine environment: Experiments and modelling[J]. Construction and Building Materials, 2019,224:1056-1068.

[42] 李响,阎培渝,阿茹罕. 基于 $Ca(OH)_2$ 含量的复合胶凝材料中水泥水化程度的评定方法[J]. 硅酸盐学报,2009,37(10):1597-1601.

[43] TABET W E, CERATO A B, ELWOOD MADDEN A S, et al. Characterization of hydration products' formation and strength development in cement-stabilized kaolinite using TG and XRD[J]. Journal of Materials in Civil Engineering, 2018, 30(10):1-11.

[44] 魏小胜,肖莲珍,李宗津. 采用电阻率法研究水泥水化过程[J]. 硅酸盐学报,2004,32(1):34-38.

[45] 廖宜顺. 基于电阻率法的水泥水化与收缩特性研究[D]. 武汉:华中科技大学,2013.

[46] HONG S, ZHANG J, LIANG H, et al. Investigation on early

hydration features of magnesium potassium phosphate cementitious material with the electrodeless resistivity method[J]. Cement and Concrete Composites, 2018,90:235-240.

[47] XU W, TIAN X, CAO P. Assessment of hydration process and mechanical properties of cemented paste backfill by electrical resistivity measurement[J]. Nondestructive Testing and Evaluation, 2018,33(2):198-212.

[48] 张栋良. 基于三维图像重建的水泥水化过程微观结构模型研究[D]. 济南大学,2003.

[49] MOURET M, RINGOT E, BASCOUL A. Image analysis: a tool for the characterisation of hydration of cement in concrete-metrological aspects of magnification on measurement[J]. Cement and Concrete Composites, 2001,23(2/3):201-205.

[50] BENTZ D P. Three-dimensional computer simulation of Portland cement hydration and microstructure development[J]. Journal of the American Ceramic Society, 1997,80(1):3-21.

[51] KRSTULOVIĆ R, DABIĆ P. A conceptual model of the cement hydration process[J]. Cement and Concrete Research, 2000,30(5):693-698.

[52] LEITE M B, MONTEIRO P J M. Microstructural analysis of recycled concrete using X-ray microtomography[J]. Cement and Concrete Research, 2016,81:38-48.

[53] ADRIEN J, MEILLE S, TADIER S, et al. In-situ X-ray tomographic monitoring of gypsum plaster setting[J]. Cement and Concrete Research, 2016,82:107-115.

[54] BRISARD S, DAVY C A, MICHOT L, et al. Mesoscale pore structure of a high-performance concrete by coupling focused ion beam/scanning electron microscopy and small angle X-ray

scattering[J]. Journal of the American Ceramic Society, 2019, 102(5):2905 - 2923.

[55] NITKA M, TEJCHMAN J. A three-dimensional meso-scale approach to concrete fracture based on combined DEM with X-ray uCT images [J]. Cement and Concrete Research, 2018,107:11 - 29.

[56] AGUIRRE-GUERRERO A M, de GUTIÉRREZ R M. Efficiency of electrochemical realkalisation treatment on reinforced blended concrete using FTIR and TGA[J]. Construction and Building Materials, 2018,193:518 - 528.

[57] HUSSIN M W, BHUTTA M A R, AZREEN M, et al. Performance of blended ash geopolymer concrete at elevated temperatures[J]. Materials and Structures, 2015, 48(3):709 - 720.

[58] LIU C, HUANG Y, ZHENG H. Study of the hydration process of calcium phosphate cement by AC impedance spectroscopy [J]. Journal of the American Ceramic Society, 1999, 82(4): 1052 - 1057.

[59] DONG B, ZHANG J, LIU Y, et al. Tracing hydration feature of aluminophosphate cementitious materials by means of electrochemical impedance method[J]. Construction and Building Materials, 2016, 113:997 - 1005.

[60] LI X, ZHANG K, MITLIN D, et al. Fundamental insight into Zr modification of Li- and Mn-rich cathodes: combined transmission electron microscopy and electrochemical impedance spectroscopy study [J]. Chemistry of Materials, 2018,30(8):2566 - 2573.

[61] ZHU Y, ZHANG H, ZHANG Z, et al. Electrochemical impedance spectroscopy (EIS) of hydration process and drying shrinkage for cement paste with W/C of 0.25 affected by high range water reducer

[J]. Construction and Building Materials, 2017,131:536-541.

[62] TANG S W, CAI X H, HE Z, et al. Hydration process of fly ash blended cement pastes by impedance measurement[J]. Construction and Building Materials, 2016,113:939-950.

[63] QIU Q, GU Z, XIANG J, et al. Carbonation Study of Cement-Based Material by Electrochemical Impedance Method[J]. ACI Materials journal, 2017,114(4):605-617.

[64] TANG S W, CAI X H, HE Z, et al. The review of pore structure evaluation in cementitious materials by electrical methods[J]. Construction and Building Materials, 2016, 117: 273-283.

[65] 王培铭,丰曙霞,刘贤萍. 水泥水化程度研究方法及其进展[J]. 建筑材料学报,2005,8(6):646-652.

[66] 吴庆令. 海洋环境钢筋混凝土受弯构件的耐久性与寿命预测[D]. 南京:南京航空航天大学,2010.

[67] ROY S K, NORTH WOOD D O, LIAN K C. Chloride ingress measurements and corrosion potential mapping study of a 24-year-old reinforced concrete jetty structure in a tropical marine environment[J]. Magazine of Concrete Research, 1992,44(160):205-214.

[68] HOU B R, ZHANG J, DUAN J Z, et al. Corrosion of thermally sprayed zinc and aluminium coatings in simulated splash and tidal zone conditions[J]. Corrosion Engineering, Science and Technology, 2003,38(2):157-160.

[69] 李耀华,焦楚杰,张亚芳,等. 混凝土耐氯离子侵蚀研究进展[J]. 建筑技术开发,2012,39(10):23-25.

[70] 胡蝶,麻海燕,余红发,等. 矿物掺和料对混凝土氯离子结合能力的影响[J]. 硅酸盐学报,2009,37(1):129-134.

[71] 安小龙.海洋环境下桥梁高性能混凝土耐久性技术研究[D].南京：东南大学,2013.

[72] 何宗旭.外加电压对水泥基材料氯离子结合及微观结构的影响研究[D].长沙:湖南大学,2016.

[73] HAUSMANN D A. Steel corrosion in concrete: how does it occur?[J]. Materials protection, 1967,6:19 - 23.

[74] CASTEL A, FRANCOIS R, ARLIGUIE G. Effect of loading on carbonation penetration in reinforced concrete elements[J]. Cement and Concrete Research, 1999,29(4):561 - 564.

[75] ANDRADE C, ALONSO C. Corrosion rate monitoring in the laboratory and on-site[J]. Construction and Building Materials, 1996,10(5):315 - 328.

[76] ALONSO C, ANDRADE C, CASTELLOTE M, et al. Chloride threshold values to depassivate reinforcing bars embedded in a standardized OPC mortar [J]. Cement and Concrete research, 2000,30(7):1047 - 1054.

[77] TOPCU C, LACIN G, YILMAZ V, et al. Electrochemical determination of copper (Ⅱ) in water samples using a novel ion-selective electrode based on a graphite oxide-imprinted polymer composite[J]. Analytical Letters, 2018,51(12):1890 - 1910.

[78] PYSCHIK M, KLEIN-HITPAß M, GIROD S, et al. Capillary electrophoresis with contactless conductivity detection for the quantification of fluoride in lithium ion battery electrolytes and in ionic liquids: a comparison to the results gained with a fluoride ion-selective electrode[J]. Electrophoresis, 2017,38(3/4):533 - 539.

[79] HU J, STEIN A, BÜHLMANN P. Rational design of all-solid-state ion-selective electrodes and reference electrodes[J]. TrAC

Trends in Analytical Chemistry, 2016,76:102 - 113.

[80] HE F, SHI C, HU X, et al. Calculation of chloride ion concentration in expressed pore solution of cement-based materials exposed to a chloride salt solution[J]. Cement and Concrete Research, 2016, 89: 168 - 175.

[81] GUO D, LOU C, CHEN M, et al. Determination of chloride and nitrate in dimethyl carbonate using a column-switching ion chromatography system[J]. Analytical Methods, 2017, 9(19): 2840 - 2843.

[82] ZHANG K, CAO M, LOU C, et al. Graphene-coated polymeric anion exchangers for ion chromatography[J]. Analytica Chimica Acta, 2017,970:73 - 81.

[83] SONG M, WANG J, CHEN B, et al. A facile, nonreactive hydrogen peroxide (H_2O_2) detection method enabled by ion chromatography with UV detector[J]. Analytical Chemistry, 2017,89(21):11537 - 11543.

[84] YILMAZ U T, SOMER G. A new, fast and sensitive polarographic method for the determination of trace amounts of nitrate and application to raw potatoes[J]. Gazi University Journal of Science, 2016,29(2):285 - 291.

[85] SOMER G, ÇALIŞKAN A C, ŞENDİL O. A new and simple procedure for the trace determination of mercury using differential pulse polarography and application to a salt lake sample[J]. Turkish Journal of Chemistry, 2015, 39(3): 639 - 647.

[86] SUN H, REN Z, MEMON S A, et al. Investigating drying behavior of cement mortar through electrochemical impedance spectroscopy analysis[J]. Construction and Building Materials,

2017,135:361 - 368.

[87] QIU Q, GU Z, XIANG J, et al. Influence of slag incorporation on electrochemical behavior of carbonated cement[J]. Construction and Building Materials, 2017,147:661 - 668.

[88] RATHER M A, RATHER G M, PANDIT S A, et al. Determination of cmc of imidazolium based surface active ionic liquids through probe-less UV-vis spectrophotometry[J]. Talanta, 2015,131:55 - 58.

[89] LODEIRO P, ACHTERBERG E P, PAMPÍN J, et al. Silver nanoparticles coated with natural polysaccharides as models to study AgNP aggregation kinetics using UV-visible spectrophotometry upon discharge in complex environments[J]. Science of the Total Environment, 2016,539:7 - 15.

[90] KRUGER J. The nature of the passive film on iron and ferrous alloys[J]. Corrosion science, 1989,29(2/3):149 - 162.

[91] MANCIO M, KUSINSKI G, MONTEIRO P J M, et al. Electrochemical and in-situ SERS study of passive film characteristics and corrosion performance of 9% Cr microcomposite steel in highly alkaline environments[J]. Journal of ASTM International, 2009, 6(5):1 - 10.

[92] HUET B, L'HOSTIS V, MISERQUE F, et al. Electrochemical behavior of mild steel in concrete: influence of pH and carbonate content of concrete pore solution[J]. Electrochimica Acta, 2005, 51(1):172 - 180.

[93] 王凯,马保国,张泓源.矿物掺和料对混凝土抗酸雨侵蚀特性的影响[J].建筑材料学报,2013,16(3):416 - 421.

[94] 刘明,程学群,李晓刚,等.Cr 合金化对 HRB400 钢筋腐蚀行为的研究[J].腐蚀科学与防护技术,2015,27(6):559 - 564.

[95] TRÉPANIER S M, HOPE B B, HANSSON C M. Corrosion inhibitors in concrete: Part Ⅲ. Effect on time to chloride-induced corrosion initiation and subsequent corrosion rates of steel in mortar[J]. Cement and Concrete Research, 2001, 31(5):713-718.

[96] RAKANTA E, ZAFEIROPOULOU T, BATIS G. Corrosion protection of steel with DMEA-based organic inhibitor[J]. Construction and Building Materials, 2013,44:507-513.

[97] BRUZZONI P, GARAVAGLIA R. Anodic iron oxide films and their effect on the hydrogen permeation through steel[J]. Corrosion Science, 1992,33(11):1797-1807.

[98] DAMJANOVIC A, WARD A T, O'JEA M. Effect of the thickness of anodic oxide films on the rate of the oxygen evolution reaction at Pt in H_2SO_4 solution I: growth at constant current[J]. Journal of the Electrochemical Society, 1974, 121(9):1186-1190.

[99] ZHANG Z, PENG B, JI X, et al. Marangoni-effect-assisted bar-coating method for high-quality organic crystals with compressive and tensile strains[J]. Advanced Functional Materials, 2017, 27(37):1703443.1-9.

[100] CHEN Y, XIA C, SHEPARD Z, et al. Self-healing coatings for steel-reinforced concrete[J]. ACS Sustainable Chemistry & Engineering, 2017,5(5):3955-3962.

[101] SHI J, SUN W, JIANG J, et al. Influence of chloride concentration and pre-passivation on the pitting corrosion resistance of low-alloy reinforcing steel in simulated concrete pore solution[J]. Construction and Building Materials, 2016,111:805-813.

[102] WEI L, PANG X, GAO K. Corrosion of low alloy steel and

stainless steel in supercritical $CO_2/H_2O/H_2S$ systems[J]. Corrosion Science, 2016,111:637 - 648.

[103] AI Z, JIANG J, SUN W, et al. Passive behaviour of alloy corrosion-resistant steel Cr10Mo1 in simulating concrete pore solutions with different pH[J]. Applied Surface Science, 2016, 389:1126 - 1135.

[104] PAVAN A S S, RAMANNAN S R. A study on corrosion resistant graphene films on low alloy steel[J]. Applied Nanoscience, 2016,6(8):1175 - 1181.

[105] ANDRADE C, ALONSO C, GONZALEZ J A. Some laboratory experiments on the inhibitor effect of sodium nitrite on reinforcement corrosion[J]. Cement, Concrete and Aggregates, 1986,8(2):110 - 115.

[106] TANG Y, ZHANG G, ZUO Y. The inhibition effects of several inhibitors on rebar in acidified concrete pore solution[J]. Construction and Building Materials, 2012,28(1):327 - 332.

[107] ORMELLESE M, LAZZARI L, GOIDANICH S, et al. A study of organic substances as inhibitors for chloride-induced corrosion in concrete[J]. Corrosion Science, 2009, 51(12): 2959 - 2968.

[108] DONG Z H, ZHU T, SHI W, et al. Inhibition of ethyleneamine on the pitting corrosion of rebar in a synthetic carbonated concrete pore solution[J]. Acta Physico-Chimica Sinica, 2011,27(4):905 - 912.

[109] 邵麟. 铝合金在 3.5% NaCl 溶液中的腐蚀行为研究及外加阴极电流保护[D]. 哈尔滨:哈尔滨工程大学,2012.

[110] BEHZADNASAB M, MIRABEDINI S M, KABIRI K, et al. Corrosion performance of epoxy coatings containing silane treated ZrO_2 nanoparticles on mild steel in 3.5% NaCl solution

[J]. Corrosion Science, 2011,53(1):89-98.

[111] LIN T J, CHUN B H, YASUDA H K, et al. Plasma polymerized organosilanes as interfacial modifiers in polymer-metal systems [J]. Journal of Adhesion Science and Technology, 1991,5(10):893-903.

[112] HORVATH J, UHLIG H H. Critical potentials for pitting corrosion of Ni, Cr-Ni, Cr-Fe, and related stainless steels [J]. Journal of the Electrochemical society, 1968,115(8):791-794.

[113] LAMECHE S, NEDJAR R, REBBAH H, et al. Corrosion and passivation behaviour of three stainless steels in differents chloride concentrations[J]. Asian Journal of Chemistry, 2008, 20(4):2544.

[114] SHU J, BI H, LI X, et al. The effect of copper and molybdenum on pitting corrosion and stress corrosion cracking behavior of ultra-pure ferritic stainless steels[J]. Corrosion Science, 2012,57:89-98.

[115] HALADA G P, KIM D, CLAYTON C R. Influence of nitrogen on electrochemical passivation of high-nickel stainless steels and thin molybdenum-nickel films[J]. Corrosion, 1996,52(1):36-45.

[116] HERMAS A A, OGURA K, TAKAGI S, et al. Effects of alloying additions on corrosion and passivation behaviors of type 304 stainless steel[J]. Corrosion, 1995,51(1):3-10.

[117] YOSHIOKA K, SUZUKI S, KINOSHITA N, et al. ultra-low C and N high chromium ferritic stainless steel[J]. Kawasaki Steel Technical Report, 1986(14):101-112.

[118] LASIA A. Electrochemical impedance spectroscopy and its applications [M]//CONWAY B E. Modern aspects of electrochemistry. Boston,

MA:Springer, 2002:143 - 248.

[119] YU H C, CHOE M J, CHIANG Y M, et al. Smoothed Boundary Method Simulations of Electrochemical Impedance Spectroscopy for Energy Materials with Complex Microstructures[J]. Journal of the Electrochemical Society, 2016 (4):415 - 414.

[120] HØJBERG J, MCCLOSKEY B D, HJELM J, et al. An electrochemical impedance spectroscopy investigation of the overpotentials in LiO_2 batteries[J]. ACS Applied Materials & Interfaces, 2015,7(7):4039 - 4047.

[121] 曹楚南. 电化学阻抗谱导论[M]. 北京:科学出版社,2002:1 - 12.

[122] 史美伦. 混凝土阻抗谱[M]. 北京:中国铁道出版社,2003:180 - 253.

[123] SATO T, BEAUKDOIN J J. Coupled AC impedance and thermomechanical analysis of freezing phenomena in cement paste[J]. Materials and Structures, 2011,44(2):405 - 413.

[124] XIE P, GU P, BEAUDOIN J J. Contact capacitance effect in measurement of ac impedance spectra for hydrating cement systems[J]. Journal of Materials Science, 1996, 31(1): 144 - 149.

[125] MEI B A, MUNTESHARI O, LAU J, et al. Physical interpretations of Nyquist plots for EDLC electrodes and devices [J]. The Journal of Physical Chemistry C, 2017,122(1):194 - 205.

[126] HUANG J, LI Z, LIAW B Y, et al. Graphical analysis of electrochemical impedance spectroscopy data in Bode and Nyquist representations[J]. Journal of Power Sources, 2016, 309:82 - 98.

[127] SHIFFMAN C. Scaling and the frequency dependence of nyquist plot maxima of the electrical impedance of the human thigh

[J]. Physiological Measurement, 2017,38(12):2203 - 2221.
[128] TAN Y Z, PANG C K. Relaxing LMI conservatism using nyquist plots and its application to robust mechatronics synthesis[J]. IEEE Transactions on Control Systems Technology, 2016, 25(2): 600 - 610.
[129] YEON C O, KIM J W, PARK M H, et al. Bode plot and impedance asymptotes for light-load regulation of LLC series resonant converter [C]//IEEE 8th International Power Electronics and Motion Control Conference (IPEMC - ECCE Asia). Hefei:IEEE, 2016:3191 - 3197.
[130] DEANGELIS D A, SCHULZE G W. Advanced bode plot techniques for ultrasonic transducers[J]. Physics Procedia, 2015,63:2 - 10.
[131] LAUSTER M, MÜLLER D. Characterization of linear reduced order building models using bode plots[C]//Proceedings of the 13th International Modelica Conference. Regensburg, Germany: Linköping University Electronic Press, 2019 (157).
[132] MAKAROV S N, LUDWIG R, BITAR S J. Filter circuits: frequency response, bode plots, and fourier transform[M]// MAKAROV S N, LUDWIG R, BITAR S J. Practical Electrical Engineering. Boston, MA:Springer, 2019:445 - 492.
[133] KO W Y, CHEN Y F, LU K M, et al. Porous honeycomb structures formed from interconnected MnO_2 sheets on CNT-coated substrates for flexible all-solid-state supercapacitors[J]. Scientific Reports, 2016,6:18887.
[134] ZHAO W, ZHENG G, LIN M, et al. Toward a stable solid-electrolyte-interfaces on nickel-rich cathodes: $LiPO_2F_2$ salt-type additive and its working mechanism for LiNi 0. 5Mn 0. 25Co

$0.25O_2$ cathodes[J]. Journal of Power Sources, 2018,380:149-157.

[135] RIBEIRO D V, ABRANTES J C C. Application of electrochemical impedance spectroscopy (EIS) to monitor the corrosion of reinforced concrete:a new approach[J]. Construction and Building Materials, 2016,111:98-103.

[136] LIU G, ZHANG Y, WU M, et al. Study of depassivation of carbon steel in simulated concrete pore solution using different equivalent circuits[J]. Construction and Building Materials, 2017,157:357-362.

[137] KUMAR S, GHOSH A, BANDYOPADHYAY R. Parameter estimation of randles model of electronic tongue using system identification[C]//2019 IEEE International Symposium on Olfaction and Electronic Nose (ISOEN). Hefei:IEEE, 2019: 1-3.

[138] ALAVI S M M, MAHDI A, PAYNE S J, et al. Identifiability of generalized randles circuit models[J]. IEEE Transactions on Control Systems Technology, 2016,25(6):2112-2120.

[139] CHEN X, SHIRAI Y, YANAGIDA M, et al. Effect of light and voltage on electrochemical impedance spectroscopy of perovskite solar cells: an empirical approach based on modified randles circuit[J]. The Journal of Physical Chemistry C, 2019, 123(7):3968-3978.

[140] SHI T, ZHENG L, XU X. Evaluation of alkali reactivity of concrete aggregates via AC impedance spectroscopy[J]. Construction and Building Materials, 2017,145:548-553.

[141] El HAFIANE Y, SMITH A, BONNET J P, et al. Electrical characterization of aluminous cement at the early age in the

10 Hz - 1 GHz frequency range[J]. Cement and concrete research, 2000, 30(7): 1057 - 1062.

[142] BOULIER A, FRICKER J, THOMASSET A L, et al. Fat-free mass estimation by the two-electrode impedance method [J]. The American Journal of Clinical Nutrition, 1990, 52(4): 581 - 584.

[143] SONG J Y, LEE H H, WANG Y Y, et al. Two- and three-electrode impedance spectroscopy of lithium-ion batteries [J]. Journal of Power Sources, 2002, 111(2): 255 - 267.

[144] SONE Y, EKDUNGE P, SIMONSSON D. Proton conductivity of nafion 117 as measured by a four-electrode AC impedance method[J]. Journal of the Electrochemical Society, 1996, 143 (4): 1254 - 1259.

[145] SCHWAN H P, FERRIS C D. Four-electrode null techniques for impedance measurement with high resolution[J]. Review of Scientific Instruments, 1968, 39(4): 481 - 484.

[146] RABBANI K S, KARAL M A S. A new four-electrode focused impedance measurement (FIM) system for physiological study [J]. Annals of Biomedical Engineering, 2008, 36 (6): 1072 - 1077.

[147] XIE P, GU P, BEAUDOIN J J. Contact capacitance effect in measurement of ac impedance spectra for hydrating cement systems[J]. Journal of Materials Science, 1996, 31 (1): 144 - 149.

[148] FORD S J, MASON T O, CHRISTENSEN B J, et al. Electrode configurations and impedance spectra of cement pastes[J]. Journal of Materials Science, 1995, 30(5): 1217 - 1223.

[149] ANDRADE C, ALONSO C, GONZALEZ J A. Some laboratory

experiments on the inhibitor effect of sodium nitrite on reinforcement corrosion[J]. Cement, Concrete and Aggregates, 1986, 8(2): 110 - 115.

[150] TANG Y, ZHANG G, ZUO Y. The inhibition effects of several inhibitors on rebar in acidified concrete pore solution[J]. Construction and Building Materials, 2012, 28(1): 327 - 332.

[151] ORMELLESE M, LAZZARI L, GOIDANICH S, et al. A study of organic substances as inhibitors for chloride-induced corrosion in concrete[J]. Corrosion Science, 2009, 51(12): 2959 - 2968.

[152] ZHANG D, LU Y, ZHANG Q, et al. Protein detecting with smartphone-controlled electrochemical impedance spectroscopy for point-of-care applications[J]. Sensors and Actuators B: Chemical, 2016, 222: 994 - 1002.

[153] KAI W, LIWEI L, WEN X, et al. Electrodeposition synthesis of PANI/MnO_2/graphene composite materials and its electrochemical performance[J]. International Journal of Electrochemical Science, 2017, 12: 8306 - 8313.

[154] AGHAZADEH M, MARAGHEH M G, GANJALI M R, et al. Electrochemical preparation of MnO_2 nanobelts through pulse base-electrogeneration and evaluation of their electrochemical performance[J]. Applied Surface Science, 2016, 364: 141 - 147.

[155] YAO Y, BAO J, LU Y, et al. Biomarkers of liver fibrosis detecting with electrochemical immunosensor on clinical serum[J]. Sensors and Actuators B: Chemical, 2016, 222: 127 - 132.

[156] WAN Y, CHEN M, LIU W, et al. The research on preparation of superhydrophobic surfaces of pure copper by hydrothermal method and its corrosion resistance[J]. Electrochimica Acta,

2018,270:310-318.

[157] HONG S, WIGGENHAUSER H, HELMERICH R, et al. Long-term monitoring of reinforcement corrosion in concrete using ground penetrating radar[J]. Corrosion Science, 2017, 114:123-132.

[158] CHEN C, HE Y, XIAO G, et al. Zirconia doped in carbon fiber by electrospinning method and improve the mechanical properties and corrosion resistance of epoxy[J]. Progress in Organic Coatings, 2018,125:420-431.

[159] CAINES S, KHAN F, ZHANG Y, et al. Simplified electrochemical potential noise method to predict corrosion and corrosion rate [J]. Journal of Loss Prevention in the Process Industries, 2017,47: 72-83.

[160] STERN M. A method for determining corrosion rates from linear polarization data[J]. Corrosion, 1958,14(9):60-63.

[161] FARITOV A T, ROZHDESTVENSKII Y G, YAMSHCHIKOVA S A, et al. Improvement of the linear polarization resistance method for testing steel corrosion inhibitors[J]. Russian Metallurgy Metally, 2016,11:1035-1041.

[162] HAIDER S A, WONG A S L, KAZEMZADEH F. System, method and apparatus for measuring polarization using spatially-varying polarization beams: U.S. patent application 16/243,780 [P]. 2019-7-11.

[163] KOUŘIL M, NOVAK P, BOJKO M. Limitations of the linear polarization method to determine stainless steel corrosion rate in concrete environment[J]. Cement and Concrete Composites, 2006,28(3):220-224.

[164] HOFFMAN A F, SPIVAK C E, LUPICA C R. Enhanced

dopamine release by dopamine transport inhibitors described by a restricted diffusion model and fast-scan cyclic voltammetry [J]. ACS Chemical Neuroscience, 2016,7(6):700 - 709.

[165] SALEHIFAR N, SHAYEH J S, SIADAT S O R, et al. Electrochemical study of supercapacitor performance of polypyrrole ternary nanocomposite electrode by fast Fourier transform continuous cyclic voltammetry[J]. RSC Advances, 2015,5(116):96130 - 96137.

[166] IVANISHCHEV A V, CHURIKOV A V, IVANISHCHEVA I A, et al. Lithium diffusion in $Li_3V_2(PO_4)_3$-based electrodes: a joint analysis of electrochemical impedance, cyclic voltammetry, pulse chronoamperometry, and chronopotentiometry data[J]. Ionics, 2016,22(4):483 - 501.

[167] KRISHNAMOORTHY K, THANGAVEL S, VEETIL J C, et al. Graphdiyne nanostructures as a new electrode material for electrochemical supercapacitors[J]. international journal of hydrogen energy, 2016,41(3):1672 - 1678.

[168] FATTAH-ALHOSSEINI A, VAFAEIAN S. Comparison of electrochemical behavior between coarse-grained and fine-grained AISI 430 ferritic stainless steel by Mott-Schottky analysis and EIS measurements[J]. Journal of Alloys and Compounds, 2015,639:301 - 307.

[169] METIKOŠ-HUKOVIĆ M, KATIĆ J, GRUBAČ Z, et al. Electrochemistry of CoCrMo implant in Hanks' solution and mott-schottky probe of alloy's passive films[J]. Corrosion, 2017,73(12):1401 - 1412.

[170] GADALA I M, ALFANTAZI A. A study of X100 pipeline steel passivation in mildly alkaline bicarbonate solutions using

electrochemical impedance spectroscopy under potentiodynamic conditions and Mott-Schottky[J]. Applied Surface Science, 2015,357:356 - 368.

[171] KARAZEHIR T, ATES M, SARAC A S. Covalent immobilization of urease on poly (pyrrole-3-carboxylic acid): electrochemical impedance and mott schottky study[J]. Journal of the Electrochemical Society, 2016,163(8):B435 - B444.

[172] ZHANG W, MIN H, GU X, et al. Mesoscale model for thermal conductivity of concrete[J]. Construction and Building Materials, 2015,98:8 - 15.

[173] REAL S, BOGAS J A, GOMES M G, et al. Thermal conductivity of structural lightweight aggregate concrete[J]. Magazine of Concrete Research, 2016,68(15):798 - 808.

[174] WANG W C. Compressive strength and thermal conductivity of concrete with nanoclay under various high-temperatures[J]. Construction and Building Materials, 2017,147:305 - 311.

[175] EZZEDINE EI DANDACHY M, BRIFFAUT M, Dufour F, et al. An original semi-discrete approach to assess gas conductivity of concrete structures[J]. International Journal for Numerical and Analytical Methods in Geomechanics, 2017,41(6):940 - 955.

[176] SHEN L, REN Q, XIA N, et al. Mesoscopic numerical simulation of effective thermal conductivity of tensile cracked concrete[J]. Construction and Building Materials, 2015,95:467 - 474.

[177] SAYADI A A, TAPIA J V, NEITZERT T R, et al. Effects of expanded polystyrene (EPS) particles on fire resistance, thermal conductivity and compressive strength of foamed concrete [J]. Construction and building materials, 2016,112:716 - 723.

[178] BAJI H, YANG W, LI C Q, et al. Analytical models for effective

hydraulic sorptivity, diffusivity and conductivity of concrete with interfacial transition zone[J]. Construction and Building Materials, 2019,225:555-568.

[179] WANG T, XU J, BAI E, et al. Experimental study on electrical conductivity of carbon nanofiber reinforced concrete [C]//IOP Conference Series: Materials Science and Engineering. Bristol, England: IOP Publishing, 2019, 592 (1):012033.

[180] JIN H Q, YAO X L, FAN L W, et al. Experimental determination and fractal modeling of the effective thermal conductivity of autoclaved aerated concrete: effects of moisture content[J]. International Journal of Heat and Mass Transfer, 2016,92:589-602.

[181] BERRA M, MANGIALARDI T, PAOLINI A E. Reuse of woody biomass fly ash in cement-based materials[J]. Construction and Building Materials, 2015,76:286-295.

[182] HANIF A, PARTHASARATHY P, MA H, et al. Properties improvement of fly ash cenosphere modified cement pastes using nano silica[J]. Cement and Concrete Composites, 2017,81:35-48.

[183] MA B, LI H, LI X, et al. Influence of nano-TiO_2 on physical and hydration characteristics of fly ash-cement systems[J]. Construction and Building Materials, 2016,122:242-253.

[184] PHOO-NGERNKHAM T, SATA V, HANJITSUWAN S, et al. High calcium fly ash geopolymer mortar containing Portland cement for use as repair material[J]. Construction and Building Materials, 2015,98:482-488.

[185] TANG S W, CAI X H, HE Z, et al. Hydration process of fly ash blended cement pastes by impedance measurement[J].

Construction and Building Materials, 2016,113:939-950.

[186] LIU J, YU Q, ZUO Z, et al. Reactivity and performance of dry granulation blast furnace slag cement[J]. Cement and Concrete Composites, 2019,95:19-23.

[187] CHANG J J, YEIH W, CHUNG T J, et al. Properties of pervious concrete made with electric arc furnace slag and alkali-activated slag cement[J]. Construction and Building Materials, 2016,109:34-40.

[188] THOMAS R J, YE H, RADLINSKA A, et al. Alkali-activated slag cement concrete[J]. Concrete International, 2016,38(1):33-38.

[189] THOMAS R J, GEBREGZIABIHER B S, GIFFIN A, et al. Micromechanical properties of alkali-activated slag cement binders[J]. Cement and Concrete Composites, 2018,90:241-255.

[190] ANGULO-RAMÍREZ D E, DE GUTIÉRREZ R M, PUERTAS F. Alkali-activated portland blast-furnace slag cement: mechanical properties and hydration[J]. Construction and Building Materials, 2017,140:119-128.

[191] VAN NOORT R, HUNGER M, SPIESZ P. Long-term chloride migration coefficient in slag cement-based concrete and resistivity as an alternative test method[J]. Construction and Building Materials, 2016,115:746-759.

[192] BOSTANCI S C, LIMBACHIYA M, KEW H. Portland slag and composites cement concretes: engineering and durability properties[J]. Journal of cleaner production, 2016,112:542-552.

[193] NGO T T, BOUVET A, DEBIEB F, et al. Effect of cement

and admixture on the utilization of recycled aggregates in concrete[J]. Construction and Building Materials, 2017, 149: 91 - 102.

[194] TOPCU I B. Effect of high dosage air-entraining admixture usage on micro concrete properties [EB/OL]. [2023 - 08 - 22]. https://www.researchgate.net/publication/321028052.

[195] MARDANI-AGHABAGLOU A, FELEKOĞLU B, RAMYAR K. Effect of cement C3A content on properties of cementitious systems containing high-range water-reducing admixture[J]. Journal of Materials in Civil Engineering, 2017,29(8):04017066.1 - 12.

[196] GUPTA S, KUA H W, KOH H J. Application of biochar from food and wood waste as green admixture for cement mortar [J]. Science of the Total Environment, 2018,619:419 - 434.

[197] CHUNG D D L, WANG Y. Capacitance-based stress self-sensing in cement paste without requiring any admixture [J]. Cement and Concrete Composites, 2018,94:255 - 263.

[198] BERROCAL C G, LUNDGREN K, LÖFGREN I. Corrosion of steel bars embedded in fibre reinforced concrete under chloride attack: state of the art [J]. Cement and Concrete Research, 2016,80:69 - 84.

[199] WANG Y, CHENG G, WU W, et al. Effect of pH and chloride on the micro-mechanism of pitting corrosion for high strength pipeline steel in aerated NaCl solutions [J]. Applied Surface Science, 2015,349:746 - 755.

[200] DAS CHAGAS ALMEIDA T, BANDEIRA M C E, MOREIRA R M, et al. New insights on the role of CO_2 in the mechanism of carbon steel corrosion[J]. Corrosion Science, 2017, 120: 239 - 250.

[201] ZUO J, ZHAN J, DONG B, et al. Preparation of metal hydroxide microcapsules and the effect on pH value of concrete [J]. Construction and Building Materials, 2017, 155:323 - 331.
[202] AI Z, JIANG J, SUN W, et al. Passive behaviour of alloy corrosion-resistant steel Cr10Mo1 in simulating concrete pore solutions with different pH[J]. Applied Surface Science, 2016, 389:1126 - 1135.
[203] XU J, SONG Y, ZHAO Y, et al. Chloride removal and corrosion inhibitions of nitrate, nitrite-intercalated MgAl layered double hydroxides on steel in saturated calcium hydroxide solution[J]. Applied Clay Science, 2018, 163:129 - 135.
[204] SK M H, ABDULLAH A M, KO M, et al. Local supersaturation and the growth of protective scales during CO_2 corrosion of steel: Effect of pH and solution flow[J]. Corrosion Science, 2017, 126:26 - 35.
[205] GROUSSET S, KERGOURLAY F, NEFF D, et al. In situ monitoring of corrosion processes by coupled micro-XRF/micro-XRD mapping to understand the degradation mechanisms of reinforcing bars in hydraulic binders from historic monuments [J]. Journal of Analytical Atomic Spectrometry, 2015, 30(3): 721 - 729.
[206] CARDOSO J L, DE ARAUJO A, PACHECO M S, et al. Evaluation of galvanic coupling of lean duplex stainless steel and carbon steel in simulated pore solution for concrete Structures in marine environment [J]. NACE international corrosion conference and expo, 2019:4248 - 4261.
[207] CALDERON J L, BRIZ E, LARRINAGA P, et al. Bonding strength of stainless steel rebars in concretes exposed to marine

environments[J]. Construction and Building Materials, 2018, 172:125-133.

[208] GUO A, LI H, BA X, et al. Experimental investigation on the cyclic performance of reinforced concrete piers with chloride-induced corrosion in marine environment[J]. Engineering Structures, 2015,105:1-11.

[209] BERROCAL C G, LUNDGREN K, LÖFGREN I. Corrosion of steel bars embedded in fibre reinforced concrete under chloride attack: state of the art[J]. Cement and Concrete Research, 2016,80:69-84.

[210] THANAPOL Y, AKIYAMA M, FRANGOPLO D M. Updating the seismic reliability of existing RC structures in a marine environment by incorporating the spatial steel corrosion distribution: application to bridge piers[J]. Journal of Bridge Engineering, 2016,21(7):04016031.1-17.

[211] WILLAMSON J, ISGOR O B. The effect of simulated concrete pore solution composition and chlorides on the electronic properties of passive films on carbon steel rebar[J]. Corrosion Science, 2016,106:82-94.

[212] LIU G, ZHANG Y, NI Z, et al. Corrosion behavior of steel submitted to chloride and sulphate ions in simulated concrete pore solution[J]. Construction and Building Materials, 2016, 115:1-4.

[213] SHI J, SUN W, JIANG J, et al. Influence of chloride concentration and pre-passivation on the pitting corrosion resistance of low-alloy reinforcing steel in simulated concrete pore solution[J]. Construction and Building Materials, 2016, 111:805-813.

[214] WANG Y, ZUO Y. The adsorption and inhibition behavior of two organic inhibitors for carbon steel in simulated concrete pore solution[J]. Corrosion Science, 2017,118:24 - 30.

[215] LIU M, CHENG X, LI X, et al. Corrosion behavior of Cr modified HRB400 steel rebar in simulated concrete pore solution [J]. Construction and Building Materials, 2015,93:884 - 890.

[216] LIU G, ZHANG Y, WU M, et al. Study of depassivation of carbon steel in simulated concrete pore solution using different equivalent circuits [J]. Construction and Building Materials, 2017,157:357 - 362.

[217] ANN K Y, SONG H W. Chloride threshold level for corrosion of steel in concrete[J]. Corrosion science, 2007,49(11):4113 - 4133.

[218] LIU M, CHENG X, LI X, et al. Indoor accelerated corrosion test and marine field test of corrosion-resistant low-alloy steel rebars [J]. Case Studies in Construction Materials, 2016, 5: 87 - 99.

[219] SHI J, SUN W, JIANG J, et al. Influence of chloride concentration and pre-passivation on the pitting corrosion resistance of low-alloy reinforcing steel in simulated concrete pore solution[J]. Construction and Building Materials, 2016,111:805 - 813.

[220] FERNANDEZ I, BAIRÁN J M, MARÍ A R. 3D FEM model development from 3D optical measurement technique applied to corroded steel bars [J]. Construction and Building Materials, 2016,124:519 - 532.

[221] LIU Y, SONG Z, WANG W, et al. Effect of ginger extract as green inhibitor on chloride-induced corrosion of carbon steel in simulated concrete pore solutions[J]. Journal of Cleaner

Production, 2019,214:298 - 307.

[222] JIANG J, LIU Y, CHU H, et al. Pitting Corrosion Behaviour of New Corrosion-Resistant Reinforcement Bars in Chloride-Containing Concrete Pore Solution[J]. Materials, 2017, 10 (8):903.

[223] MACDONALD D D. The history of the point defect model for the passive state: a brief review of film growth aspects[J]. Electrochimica Acta, 2011,56(4):1761 - 1772.

[224] 刘志勇,孙伟. 多因素作用下混凝土碳化模型及寿命预测[J]. 混凝土,2003(12):2 - 6.

[225] 王羊洋,祝雯,黄石明. 氯离子对混凝土中钢筋锈蚀行为的影响[J]. 广州建筑,2019(2):24 - 28.

[226] 赵麦群,何毓阳. 金属腐蚀与防护[M]. 北京:国防工业出版社,2018:10 - 39.